别将自己活成一座孤岛
——抑郁与焦虑中的自救指南

迟新丽 张沛超 编

南方出版传媒 花城出版社
中国·广州

图书在版编目（CIP）数据

别将自己活成一座孤岛：抑郁与焦虑中的自救指南 / 迟新丽，张沛超编. -- 广州：花城出版社，2021.4
ISBN 978-7-5360-9338-6

Ⅰ.①别… Ⅱ.①迟… ②张… Ⅲ.①心理学—通俗读物 Ⅳ.①B84-49

中国版本图书馆CIP数据核字（2021）第020398号

出 版 人：肖延兵
责任编辑：揭莉琳　梁宝星　林　菁
技术编辑：凌春梅
封面设计：邓君豪

书　　名	别将自己活成一座孤岛：抑郁与焦虑中的自救指南 BIE JIANG ZIJI HUOCHENG YIZUO GUDAO: YIYU YU JIAOLÜ ZHONG DE ZIJIU ZHINAN
出版发行	花城出版社 （广州市环市东路水荫路11号）
经　　销	全国新华书店
印　　刷	佛山市浩文彩色印刷有限公司 （广东省佛山市南海区狮山科技工业园A区）
开　　本	880毫米×1230毫米　32开
印　　张	9.875　1插页
字　　数	220,000字
版　　次	2021年4月第1版　2021年4月第1次印刷
定　　价	49.80元

如发现印装质量问题，请直接与印刷厂联系调换。
购书热线：020-37604658　37602954
花城出版社网站：http://www.fcph.com.cn

前　言

本书写于重大公共卫生危机——2020年新冠疫情的爆发和缓和期间。这是一段令人印象深刻、交融着我们许多感受的时光。这场突如其来的疫情，打乱了我们原有的生活节奏。同时，很多的负面情绪，比如孤独感、焦虑、恐惧、抑郁、愤怒等，搅扰着许多人。隔离在家，和家人相处的时间变多，彼此间的矛盾也浮出水面，身心俱疲。为了帮助遭遇困境的人们能够找到方法安住自己，照顾好自己的身心，我们组织心理师及学者撰写了这本心理学读物。

面对突如其来的困境，许多问题困扰着我们：

● 在逆境中，我们该如何安放自己的孤独、焦虑和抑郁？

● 突发的事件给家庭生活带来了很多挑战，我们该如何应对？

● 面对痛苦和创伤，我们该怎么办？

● 有没有什么实用的办法来帮助自己？

关于这些问题，心理师和学者们在本书里分享了他们多年的经验。全书分为四个部分，首先是自我情绪篇：在这一篇里我们学习如何陪伴、安放我们的情绪。第二部分是家庭关系篇：危机，也可以成为提升亲子关系、夫妻关系的转机。第三部分是创伤逆境篇：通过意象引导、自我关怀等方式重建与自己、他人和世界连接，穿越苦痛。最后是自我提升篇：通过聚焦、绘画等技术来安顿自己，并学着重拾一夜好眠。许多章节会提供相关的练习，让你对所述的内容有亲身的体验。

本书的各章既彼此独立又相辅而成，读者可以从头开始，也可以从任意一章开始，选取自己所需的养分。此书适合在困境中情绪受搅扰的读者，也适合对了解自己、提升自己感兴趣的大众读者，还可作为心理学爱好者和专业助人工作者的参考用书。

痛苦和意外是生活的一部分。幸运的是，心灵的伤口是可以被梳理和抚慰的。从而，我们可以从不自在中找回自在。那些我们所遭遇的挫折、痛苦和逆境，甚至可以转换成为我们人生觉醒和发展的巨大力量。

愿本书能助你收获一份启发。

迟新丽　张沛超

目录 CONTENTS

自我情绪篇

如何安放我们的抑郁和焦虑
  谢庭渊 / 3
论以幻觉为基础的安全感——复杂型哀伤的哀悼与意义
  郑　琛 / 19
运用自由写作为自己充电
  孟彧涵 / 45

家庭关系篇

家庭韧性：从灾难和困境中复原及超越
  李　航　谭钧文 / 67
多子女家庭的"苦"与"乐"
  迟新丽　黄巧敏 / 81
我们应如何帮助自己和孩子处理应激反应
  黄巧敏　迟新丽 / 95
居家环境中的"玩、乐、学"
  许朝山 / 109
亲子游戏策略——温暖和爱的特别时光
  张　路　李泽华　刘籽萱 / 123

创伤逆境篇

灾难中的孤独与重建连接
  唐　可　段涤非　/ 157
面对痛苦，你需要一点自我关怀
  黄柳玥　迟新丽　/ 173
重建连接——安住于动荡之中的意象引导练习
  张沛超　/ 188

自我成长篇

助人者的自我照顾方法——基于聚焦技术的身心安宁练习
  潘　沫　潘丹丹　/ 207
臻于化境，安心随处——绘画心理治疗的基础与实践
  杨醉文　/ 232
道法自然醒——睡个好觉满血复活
  闻宜斌　/ 256
凤凰涅槃——在困境中加速早期创伤的疗愈和转化
  张　莹　/ 291

自我情绪篇

如何安放我们的抑郁和焦虑

谢庭渊

抑郁和焦虑是时常困扰我们现代人的两大情绪，很多人看到这个题目也许会好奇：

抑郁和焦虑到底是什么样的情绪？它们对我们有什么影响？

它们能被去除吗？如果能，我们如何去除它们呢？

如果不能被去除，我们如何与之相处呢？

让我们带着这些疑问，开启一场有关抑郁与焦虑的探秘之旅。首先，我们先来了解了解情绪。

一、情绪于我们

情绪可真算是我们最熟悉的陌生人。

说它最熟悉，是因为我们从出生到死亡，几乎无时无刻不体验到它的存在。

从我们还是小婴儿时，情绪就伴随我们左右。克莱因学派认为，出生就伴随了焦虑。我们会因饥渴而感到难受，这种难受让还是婴儿的我们尚不能用言语来形容它,它于我们而言,混沌又真切,我们因此恐慌、焦虑。

我们眉头一皱,开始哭闹。当妈妈闻讯来给我们喂奶,我们噘着小嘴贪婪地吮吸。温热甘甜的乳汁流过我们喉咙,我们慢慢地舒展开眉头,因为得以满足食欲,我们感到了舒服与安适,慢慢放松下来,恐慌和焦虑得以退去。

当我们进入青春期,初坠爱河,我们开始品尝到爱情的甜蜜与愉悦。好景不长,我们与恋人发生争吵,我们又感到愤怒。当我们失恋,我们又得以体验到与所爱之人分离时撕心裂肺的彻痛。接下来,我们可能会陷入对这段感情的哀悼,久久不能释怀,以致在相当一段时间内,郁郁寡欢。

当我们泛舟职场,情绪也如大海上的扁舟,随之沉浮:

工作顺利时,我们意气风发,仿佛一切皆在自己的掌控中,只差洋洋得意地大喊:"让暴风雨来得猛烈些吧!"

当暴风雨真正来临,我们又感到烦躁和焦虑,害怕失败,如履薄冰,战战兢兢。如果刚好不幸接二连三遭遇挫折,我们又慢慢变得沮丧,甚至因此深陷自我怀疑中,变得没有了自信,开始对工作的挑战畏首畏尾。

当我们在芸芸众生中遇到自己的另一半,惊喜万分,在婚礼上,我们含情脉脉地对对方说:你真是上天送给我最好的礼物。待我们步入油盐柴米酱醋茶的家庭生活,磕碰不断,我们又开始冲对方怒吼:你怕不是老天派来收拾我的吧?

在让人时哭时笑时喜时悲的家庭生活中,我们迎来了自己的孩子。孩子尚小时,我们满怀爱意地叫他"小宝宝",待孩子长大一些,调皮捣蛋,我们被折腾得七荤八素恼怒无奈之余,为其另赠外号"熊孩子""神兽"。

多少父母在辅导"神兽"作业时,濒临崩溃的边缘,把冲到嗓子眼的那口怒气硬生生咽下去,深呼吸一口气,如坐在惊涛骇浪的愤怒大海上一叶扁舟,反复告诫自己"要冷静",然后挤出笑容继续说:"这个题我再给你解释一遍……"压抑住的愤怒和努力装出来的友善合力扭曲了父母的面部肌肉,让笑容显得有些狰狞,咧嘴一笑比哭还难看。"神兽"们敏锐地捕捉到了这笑容背后危险的情绪信号,不觉警惕起来。

人到中壮年,上有老下有小,中间有房贷。我们像个陀螺不停地连轴转,处理协调着各种各样的问题,而问题就像永不干涸的泉水,源源不断,让我们疲惫万分,手机上各路文章又在高唱中年危机,让我们感到焦虑恐慌,害怕真的有一天自己被社会所淘汰,成为文中所谓的loser。但努力追赶社会这趟高速发展的列车,又让我们感到力不从心,常常跌倒在地,感到迷茫、彷徨、委屈,一股子无名火不知道发向谁。

待到孩子成年飞走,工作也告一段落,迈入退休行列,我们又感到了孤独与寂寞,为了排遣孤独紧追不舍的脚步,我们逗猫弄狗,遛鸟钓鱼,和一群同龄老人下棋跳舞,缅怀过去。每一年聚会上都会少一些人,而且再也不会来了,我们因此感到怅然若失,仿佛也听到了死亡逼近自己的脚步声,莫名心生恐惧。

终于有一天,我们知道死亡到来了,我们又会有什么样的情绪和感受呢?也许我们感到遗憾,也许我们追悔,也许我们为自己即将与亲人诀别而感到悲伤,也许有一部分人也会感到坦然甚至有些欣喜，宛若走到归途，折腾了一辈子，累了，再也不用折腾了。

说它陌生，是因为情绪来，从来不会事先预约，大大咧咧毫不客气。一个情绪走了，也不会和我们打招呼，所谓来去自如。

不自如的，反而是我们。

情绪如此形影相随，那它对我们的影响如何呢？

在弗洛伊德看来，情绪与我们的潜意识息息相关，它是我们压抑潜意识失败的结果。而荣格说："潜意识正在操控你的人生，你却称之为命运。"由此可见，作为潜意识信使的情绪，多么深刻地影响着我们的人生。

三国时曹操与杨修的故事中，就处处可见情绪的魅影。

我们都知道，曹操斩杀杨修的直接事件，是"鸡肋口令事件"。

曹操屯兵日久，进退两难，正在纠结。这时夏侯惇进帐禀请夜间口号，曹操看到碗中鸡肋，有感于怀，随口说了"鸡肋"。结果杨修听到口号便开始收拾行李准备打道回府。夏侯惇问他原因，杨修说："从今晚的号令，就知道魏王不久就要退兵回去，鸡肋嘛，食之无肉，弃之有味，现在进不能胜，退兵又怕人耻笑，在此无益，就知道魏王不久就要回撤了。"

夏侯惇也是个耿直boy，信以为真，也回去收拾行李，正好被心乱失眠出门闲逛的曹操看到了，大吃一惊，拉住夏侯惇问。夏侯惇耿直，说杨修早就知道您老人家准备撤兵啦。曹操把杨修叫过来一问，杨修把鸡肋之意又说了一遍。"操大怒"（原文），以造谣扰乱军心名义将杨修斩首，并将首级"号令于辕门之外"。

在这里，我们看到，曹操大怒直接促成了曹操斩杀杨修的行为，那曹操对杨修的"大怒"是否只因此事而起呢？我看未必，因为对待同样打包行李准备打道回府的夏侯惇，曹操只是假生气，装模作样也要斩杀夏侯惇，后来众人一求情，就借坡下驴放过了他，对杨修却是玩真的。看看曹操和杨修的过往，我们能看到"大怒"背后情绪积累和变迁的过程。

曹操造花园的时候，杨修因为猜到曹操的门上写"活"字的意思是嫌门太阔，而让曹操"心甚忌之"。后又因为自作聪明，故意曲解曹操的意思，与众人分食了塞北送给曹操的一盒酥，而让曹操"表面喜笑，而心恶之"。

更不用说后来因为点破曹操假装梦中斩杀侍卫的事件，以及参与辅佐曹植的几件事情，让曹操更加厌恶他，以致后来"有杀修之心"，最终因为"鸡肋"事件，乘怒斩杀了杨修。

我们看到，曹操从"忌之""恶之"再到"有杀修之心"，最后怒而杀修，正是情绪的积累过程，最后当情绪到达一定强度，变成动力促成了行动。

因为这一事件，曹操干脆举兵进攻，结果战败，自己负伤，才想起杨修说的话，又后悔了，把杨修的尸体收回厚葬，并下令退兵。

在这个故事里，我们处处可看到，情绪不光影响着曹操对杨修的态度，进而影响二人的关系，也影响着曹操的判断和决定，导致了战事的变化。

事实上，情绪对我们人生时时处处产生着深刻的影响，从古至今，上至王侯将相，下至平民百姓，概莫能外。

那么具体到抑郁和焦虑，对我们有着什么样的影响呢？

二、抑郁与焦虑

张沛超博士说："工业时代带来了激烈的社会竞争，为了在这种达尔文式的斗争中生存下来,人类的情感、心智都付出了代价。"

我想,抑郁与焦虑的确是高速发展的现代文明社会让我们付出的最常见的情绪代价。

那什么是焦虑呢?美国精神病联合会给出的定义是:"由紧张的烦躁不安或身体症状所伴随的,对未来危险和不幸的忧虑预期。"它本身是一个复合情绪,就像一个千层饼,把着急、紧张、恐慌、不安等层层叠叠的情绪压缩成一个饼。

抑郁是另一个千层饼,里面压缩着愤怒、悲伤、忧愁、自罪感、羞愧等情绪。

之所以把抑郁与焦虑放在一起讨论,是因为它们常常形影不离,如孪生兄弟。一个抑郁症患者,常常伴有焦虑。保罗·蒂利希说,抑郁其实是对人生无意义的焦虑。一个焦虑症患者,焦虑常常也会转化成抑郁,多数时候,备受情绪折磨的人们,往往如坐起起伏伏的过山车一样在抑郁与焦虑之间来回切换,冰火两重天。

在中国每一个高速发展的城市,每天早上起床,你随处可见行色匆匆的上班族,他们挎着公文包,左顾右盼地关注着红绿灯和车流,以便保证能安全通行,同时,还得分出一部分注意力,在电话里焦急地交代着工作上的事情,偶尔看他们手上没有手机,抓住地铁的拉环做发呆状,实际上头脑却在高速运转,犹如多线程处理器,在最近遇到了个棘手的工作、中午吃啥、信用卡要还钱了、刚才闪过去的广告是不是最近喜欢的品牌在打折、最近经济下行物价涨了怎么增加收入、现在到哪个站了可别坐过了迟到了得扣工资等多个进程之间来回切换,唯一一直保持的是脸上的焦虑。

张沛超说,我们的情绪是我们和周围的人与环境所共同作用下共同持有的。我曾经在国内一个一线城市工作，那时候每天起床赶地铁，看到行色匆匆的人群，自己也莫名受感染，蓦然紧张焦虑起来，而自己又作为一个焦虑的元素添加进这种群体的焦虑里去，壮大着这个群体的焦虑。

在这样一个每天大家不是被压力所迫，就是主动追逐成功的氛围下，我常常与人聊天的时候，都感觉对方的屁股着了火，让其焦躁不安，聊着聊着，我也慢慢感觉自己屁股上也着了火，灼烧着自己快速向前跑，否则很快就会被社会所抛弃。

我相信，这样的情景，不光出现在我所待过的这个一线城市，它也出现在全球大大小小的城市。

在2020年开春的这次新冠肺炎疫情期间，我猜我们多多少少都体验过焦虑情绪，我们也许因为害怕自己感染新冠病毒而焦虑，又担心自己年迈的父母或家人感染而焦虑，抑或因为疫情影响到了自己的工作收入而对未来是否会失业或生活水平降低而忧心忡忡。

在疫情期间，我接心理援助热线，接到不少饱受抑郁和焦虑困扰的求助者的求助电话，他们对新冠病毒肺炎的害怕慢慢发展成巨大的恐惧，有的人每天用消毒液反复洗手，手都洗烂了也没法将自己从恐惧中解脱出来，形成强迫症状，痛苦万分。有的人因为出现感冒症状，就怀疑自己已经感染了新冠病毒肺炎，多次到医院反复诊断，哪怕医生告知只是普通感冒，他也怀疑医生误诊，同时又怀疑即使是普通感冒，多次就医的过程是否在医院反而感染了新冠肺炎，夜不能寐，辗转反侧，内心备受煎熬，濒临崩溃。有的人在做出了这些努力之后，依然认为自己在病毒的威胁面前束手无策，转入深深的抑郁。

哈佛大学精神病学和人类学教授克雷曼说，抑郁和焦虑既可以是一种情绪，也可以是一种疾病，当它处于正常范围时，它是一种情绪，一旦超出正常范围，它就是一种病态。

当抑郁和焦虑持续一定的时间和强度，严重影响了日常生活，就可能发展成抑郁症或焦虑症。我们知道很多明星或名人因不堪忍受抑郁症的折磨而自杀——张国荣、梵高、海明威、三毛……

连英国前首相丘吉尔，一生也饱受抑郁症的折磨，他在日记里写道："心中的抑郁就像只黑狗，一有机会就咬住我不放。"

同样患有抑郁症的美国前总统林肯在给友人的信中写道："我是活着的人中最痛苦的一个。"

据国家卫生健康委发布的《健康中国行动（2019—2030年）》，当前我国抑郁症患病率达2.1%，焦虑障碍病达4.98%。作为一种常见病，抑郁症已成人类第二大"杀手"。

有关研究也表明，抑郁和焦虑会干扰我们的免疫系统和内分泌系统，导致多种身体疾病，例如冠心病、免疫系统疾病、胃溃疡、癌症，都与抑郁和焦虑情绪有着千丝万缕的联系。

那么问题来了，既然抑郁和焦虑情绪对我们影响如此巨大，当抑郁和焦虑来临时，我们如何与之相处呢？

三、如何安放我们的抑郁与焦虑

我们先来看看我们平时大多是怎么处理的。

释放是我们生活中很常见的一种处理自己情绪的方式。当我们被抑郁煎熬或感到焦虑不安时，我们往往急切地想摆脱抑郁和焦虑，为情绪找个出口，寻找可以帮我们承担自己焦虑情绪的人。很不幸的是，帮我们承担这些情绪的人往往是我们身边的亲人、朋友、同事。

所以我们很容易在生活中看到，一个焦虑的上司，总是劈头盖脸大骂下属，骂完自己的焦虑释放了，下属却开始焦虑起来。我们常看到，一对焦虑的父母，往往有一个同样焦虑或抑郁的孩子。很多小来访者，被父母火急火燎带到咨询室，父母一见面，就开始焦急地问："孩子这种情况多久能好？""我担心他这样的状态影响高考！""我希望他能赶快复学，把落下的课程补起来。"见面不到一分钟，整个气氛就莫名紧张起来，孩子往往默不作声，低着头，你能感觉到他承担着巨大的压力，偶尔抬起头看看父母，眼神中交织着无助、愤怒、悲伤。有的孩子被父母的焦虑逼迫得走投无路了，愤怒而绝望地向父母怒吼："别再逼我了，我受不了了！"

心理学上有一种说法叫"踢猫效应"，说的是一父亲在公司受到了老板的批评，回到家就把沙发上跳来跳去的孩子臭骂了一顿。孩子心里窝火，狠狠去踹身边打滚的猫。猫逃到街上正好一辆卡车开过来，司机赶紧避让，却把路边的孩子撞伤了。说的就是负性情绪的传染性，而这种传染性，往往沿着社会等级的强弱关系依次传递，无处发泄的最弱小的元素，往往成为受害者。

所以，我们才常常看到，在一个父母强势且焦虑的家庭，孩子往往表现出症状。夫妻中强势的一方过度的焦虑情绪，常常以指责、高要求、不满等方式发泄到对方身上，给对方带来巨大的精神压力，造成另一方也跟着焦虑或因长时间无法满足对方要求而陷入自我怀疑和自我否定，陷入抑郁。

那么是不是说释放情绪就是不好的呢？情绪就是需要被去除或

压抑呢?

这也是我们接下来要谈的我们日常生活中另一种常见的对付情绪的方法——情感隔离和压抑!

也许我们也意识到了任意释放抑郁和焦虑对身边人的影响,所以有的人会视负面情绪为洪水猛兽,只要一有负面情绪出来,就拼命想把它压抑或去除,并且以为自己成功地去除了情绪,活在了纯理性之中。这也是网上"真正厉害的人,早已戒掉情绪"之类观点被追捧的原因吧。

情绪真的能戒掉吗?

我想,所谓的戒掉情绪不过是掩耳盗铃罢了,荣格就认为,对纯理性的追求,不过是我们对情绪试图防御罢了。

德国古典哲学创始人康德临终时,学生们为了让其为自己的三大批判著作光荣而死,把其一生心血凝成的三本著作搬到其床头,让康德看着。终生未娶无子嗣的康德,望着著作潸然泪下,说:"如果把这三本书换成一个小孩子,该有多好!"

以研究理性著称的哲学家临终前,尚且悲从心来,有如此真情流露,更别说我们其他人了。谈戒掉情绪,实属奢望。

首先,情绪很难被真正去除和压抑,很多时候,我们为了不让别人看到我们的焦虑,拼命让自己看起来平静,对方依然感觉到我们的焦虑。在弗洛伊德看来,我们的情绪是压抑潜意识失败的结果,潜意识的能量强大到它处处伺机呈现它自己,尽管我们处处小心,它还是通过我们的微表情、细微的动作、整体给人的感觉,让对方在我们伪装平静时感觉到我们的焦虑,在我们强颜欢笑时感受到我们的抑郁。

其次，就算我们真的能把情绪压抑下去，骗过任何人——包括我们自己，但情绪的能量并不会凭空消失，它常常会换一种方式呈现出来，那就是我们的躯体症状。

哈佛大学的克雷曼教授提到，在对情绪问题避而不谈的传统社会，抑郁症症状更多以躯体化出现，例如头痛、腰痛、免疫力低下、身体虚弱等。

说到这儿，很多人可能会疑惑了，那这意思是情绪释放也不是，压抑也不是了？我们对情绪就束手无策了？

并非！

在谈到如何安放我们的抑郁和焦虑时，我们首先要看到情绪的积极意义。情绪往往与我们的需要息息相关，并成为促使我们行动的动力。例如，当我们面临困境时，我们常常焦虑，而这种焦虑成为促成我们不断行动的动力，最终帮助我们摆脱困境，把自己保存下来。上古的人类活在充满毒蛇猛兽的世界中，正是因为生存焦虑得以让人类的文明发展起来，延续至今。

而抑郁使我们从不断尝试行动的焦虑状态中退回来，得以反思自我和节省能量。有一项很有趣的调查研究发现，处于抑郁中的人对客观事实的判断反而是最接近现实的，而大部分情况之下，我们都偏向于夸大自己的能力。

这些都是抑郁和焦虑对于我们的正面意义。它就像来自潜意识的信使，潜意识不断地通过情绪这种无声的语言期望与我们沟通和交流，如果我们视而不见，甚至一而再再而三地把信使杀掉，潜意识最后只能以更猛烈的疾病症状来让我们了解它的意愿。

看到了抑郁和焦虑对于我们的正面意义，我们再来谈谈我们如何安放它们。

首先,我们需要知道的是,情绪的确是可以被释放的,大多数时候,也需要被释放。弗洛伊德就认为,心理治疗本身就伴随着情绪的释放。

《中庸》就提到合适的情绪发泄状态:"发而皆中节"。原文是"喜怒哀乐之未发,谓之中;发而皆中节,谓之和。中也者,天下之大本也;和也者,天下之达道也。致中和,天地位焉,万物育焉"。

我们之所以对释放情绪心怀恐惧,是因为我们释放的方式不对。就像我们把野生的蛇放生到野外是维护生态平衡,但放生到商场就是制造麻烦了。同样,相比我们毫无顾忌地把情绪释放到身边的人身上,我们可以选择更科学更无害的释放方式。

首先,我们可以用语言和文字来释放这部分能量。我们可以把想说的话毫无保留地写到私密的日记里,也可以找自己信任的人倾诉,当然,也可以寻找一位合格的心理咨询师,向他倾诉,相比现实生活中错综复杂的人际关系带来的不安全感和不能保持中立可能带来的二次创伤,咨询中的谈话将更安全。

其次,我们可以用绘画的方式来释放这部分能量。创立了分析心理学的荣格,曾因为与弗洛伊德决裂,被同事朋友背弃,自己的学说遭到严重批评,一度精神濒临崩溃的边缘,最后通过绘画疗愈了自己。而事后,他才发现,类似的曼荼罗绘画传统,在遥远的西藏,很久之前就已经存在。

不管是用语言、文字还是绘画表达我们自己的情绪,这个过程往往伴随着潜意识意识化,而这在弗洛伊德看来,是我们被疗愈的关键。

另外，我们还可以用身体的运动释放一些能量，运动、瑜伽、舞蹈等，很多时候也能起到释放情绪能量的作用。

学会合理地释放情绪，可以算是我们安放自己抑郁焦虑情绪的第一层功夫吧。

接着聊聊压抑。

如果抑郁与焦虑情绪如洪水，我们除了要知道如何泄洪，还需要学会如何构建更好的心理防御机制，构筑起心理的堤坝，防患于未然。弗洛伊德认为，成熟的防御机制可以帮助我们减轻因挫折引起的紧张和焦虑，更好地适应环境。在此谈谈幽默和升华——两个弗洛伊德大加赞赏的防御机制。

我们都知道，苏格拉底有一个悍妇老婆。有一天，苏格拉底正在和朋友谈论学术问题，他老婆突然跑来，先是大骂，骂完之后往他身上泼了一桶水。场面一度紧张尴尬。苏格拉底却笑笑说："我早知道，打雷之后一定会下雨。"一句话，紧张尴尬的场面立即化解了。

有时候，一个人的幽默往往还表现在自嘲上。科胡特认为，抑郁症常常伴随病态的自恋，而一个懂得自嘲的人，往往在自嘲的同时，也使投注在自身过多的力比多得以卸载，使自己放松下来，也让周围的人感觉平易近人。自嘲并不会影响一个人的自信和自尊，反而能很好地防御抑郁。

而升华，在弗洛伊德看来，当我们把压抑于潜意识的能量冲突转移到为社会所允许和赞赏的方面——如艺术创造或审美活动等过程中，也能完成对能量的释放。

构建高级且灵活的心理防御机制,取代过去机械僵化的防御,这是安放我们抑郁焦虑情绪的第二层功夫。

那么更上层的功夫是什么呢?

觉知。

不管是上面提到的通过倾诉、书写、舞动,还是构建高级防御机制幽默、自嘲还是升华,过程中伴随着能量的释放或转移,但真正能稳稳当当地安放我们情绪的处所,是觉知。

这是一众心理学家和千百年来人类各大心智训练系统所一致强调的。

觉知是什么呢?简单说就是知道。

事实上,大部分时候,我们是不自知的。当我们焦虑时,我们常常并不知道我们正在焦虑,我们不断地上蹿下跳收集各种信息以期让自己重拾对未来的掌控感,而实际情形往往相反,纷至沓来的信息如洪水猛兽让我们对未来更加失控,焦虑感不减反增。

当我们抑郁时,我们困在自己灰暗的世界里面,并不知道我们的身体感受、抑郁情绪与固着的观念给我们构建了一个壳,所见之处皆是其巧妙编制的虚假世界,穹顶之下,皆是绝望,以至于我们以为真实的世界就是绝望,而不知道自己无意识地在内心中编制了这穹顶。

庄子的《山木》中有一则寓言,一个人在乘船渡河的时候,前面一只船正要撞过来。这个人喊了好几声没有人回应,于是破口大骂前面开船的人不长眼。结果撞上来后才发现,那竟是一只空船。

很多时候,我们就如那空船,并没有一个船长。而情绪如河水,很多时候,我们不过是无意识地随着情绪的波涛四处漂泊,无意识地不断撞到别的船，直到最后年久失修，又无意识地沉舟河底。

而觉知，就是为我们的空船找一个船长。

当我们焦虑时，我们知道自己正在焦虑，知道焦虑带给自己的身体感受是什么，是腹部的紧张？还是胃部的痉挛？当我们抑郁时，是胸部的压抑，还是呼吸的短浅？

从达尔文到詹姆士，都看到了情绪与身体变化的密切联系，詹姆士说："使人激动的外部事件所引起的身体变化是情绪产生的直接原因。"把觉察落在身体感受上，一方面可以让我们的注意力从对纷乱的外在事件的关注转到对我们自身心理状态的关注上，对情绪起到收摄的作用。

除了身体的感受，我们还能觉察到此时闪过脑海的念头是什么？闪过这个念头又带给自己身体感受什么样的变化？念头总是与我们的身体感受、情绪交互作用，身体感受产生着念头，带出情绪，情绪又反作用于身体，连续不断地带出念头。

情绪、身体感受与认知，如一个晶体的三个面，相互作用又彼此支撑。

当我们通过倾诉、书写、运动、自嘲来释放情绪时，我们正在说什么话或做什么动作，说完这话或做了这个动作又带给我们什么样的身体感受和念头？

有意识地去觉察发生在自己身心上的现象和变化，我们会形成一个观察性自我，我们慢慢会发现自我的流动性，随着自我的流动，情绪也流动起来，如天气的变化。而觉知，如明灯高悬，看着情绪因我们与外界的交互升起又落下，落下又生起，如风云变幻。

我们知道了情绪如天气的阴晴雨雪,因各种因素综合而成,又因各种因素的变化而流动,也知道因此雨天打伞,晴天出行,就像我们知道怎么释放它和防御它,而不再像过去那样拼命压制它,试图去除它,就像我们并不试图去赶走天边那片即将下雨的乌云一样,我们只是需要打伞。

我们不再茫茫然被其裹挟,被情绪的漩涡所卷走,被其肆无忌惮地利用。我们曾经无意识地被情绪所裹挟,深陷抑郁和焦虑中不能自拔,现在我们站在岸边,静静地看着情绪的洪水从我们脚下流过。

此时,已不必谈安放,情绪自有其安放处。

当然,时刻保持觉知很难,很多时候,我们只能保持很短的觉知,又被情绪卷走,接着又保持了很短的觉知,又被情绪卷走,如此反复。但那转瞬即逝的觉知也能让我们如惊鸿一瞥地切身体验到与情绪两相安的状态,让我们坚信与情绪更好的相处之道是存在的,它预示着一种更好的生命存在状态,在那种状态下,我们能体验到自己的柔软,观察到情绪的流动,情绪不再是需要被去除或需要被盲目满足,那是一种情绪在我们也在万物同在而互不倾轧的状态,一如《中庸》所说"万物并育而不相害,道并行而不相悖"。

我想,这便是安放我们抑郁和焦虑的终极法门。

论以幻觉为基础的安全感
——复杂型哀伤的哀悼与意义

郑 琛

今天是2020年8月1日，在动笔写这篇文章的时候，正值国际百年未有之大变局。世界仍是原来那个世界，又已经不是原来那个世界，每一个人、每一个家庭、每一个国家，所处的位置，都已经悄悄发生变化。

今年是各种变化都非常多的一年，要说天翻地覆也并不为过。每个人的生活都在一种"怎么这样了？接下来还会怎么样？"里度过。丧失、变故、不安全、不确定，在这一年里不断地被翻起来，病毒、洪水、战争的阴影，无一不在打乱我们的生活。前些日子网络出现的《平安经》，念叨着这个也要平安，那个也要平安，讪笑之余，也会感受到作为人类对于安全、舒适的根本需求。可是，世界的运作本就不以人类的意志为转移，毁灭、破坏，一直都环绕在每个人的生活周围，只是我们平时不会去想着这些罢了。

一、安全感是一种基于幻觉的感受

人类的安全感、稳定感是从哪儿来的呢?著名心理学家埃里克森曾经提出,是在早年婴儿时期与母亲的互动中产生的对世界的基本信任感。也就是说,在最早的时候,如果一个孩子能够得到照顾者基本安全的回应,那么这婴儿在以后的日子里会形成"世界基本是安全的,可靠的,人们基本是可信的"这样一个信念。如果在成长过程中,在成年之前遭遇的挫折不会太多,这一信念就会变成一种较为重要的心理品质,那就是"安全感"。

早期的经历可以给人建立深层信念上的安全感,这是十分重要的,它可以护佑我们过好日常的生活。这种安全感,是以信念为基础的。就好比,我们每个人在看书的这一时刻都不会担心地球会突然发生地震,都不会去担心自己所在的几十层高楼会突然倒塌,自己的生命陷入危险。但是,这种事情是不会发生的吗?如果我们动用一下我们的理性思维,就会发现不管你身处地球的哪个角落,这一可能性,就算只有0.01‰,也是存在的。根据可靠数据,每个人每天遭遇交通事故的平均概率约为0.03%,概率再小,也是世界的现实,但是我们一般都不会去考虑这件事情,为什么?因为我们每个人日常的大脑运作中,有着许多防御机制,其中对于灾难事件的否认,就是这样的一个保护机制,保护我们不会每时每刻都处于危机的焦虑状态。如果没有了这一层防御,我们一进电梯就会焦虑,一上高楼就会害怕,一走上马路就会吓得走不动路,照这样推理下去,每个人都只能躲在角落里瑟瑟发抖,根本就什么事情都做不了。

可是反过来说，如果一个人，比如说他经历过地震，见过地震那种摧山倒海的力量，又或者自己的亲人朋友在这一过程中遭遇了死亡或者切身的身体伤害，那么上述的那种恐惧，有可能一直会在他的意识层面保留着警醒："世界是不安全的！你要小心！"在经历了这样的事情之后，如果是创伤反应还没有得到适当的处理，这部分的问题可能会引发一系列后续创伤感受。好在一般来讲，只有约15%的创伤事件后受害者会呈现出PTSD，也就是创伤后应激障碍症状，剩余的人，一般都会在三个月之内慢慢缓解。

在我们目前的教育体系里，很少有关于灾难、死亡的直接思考。中华民族多灾多难，我们多的是灾难后一些经验的直接传承，而由于某种文化上的默契，对于这类灾难的思考经常讳莫如深。谈论灾难多是以一种"不吉利""乌鸦嘴"的态度在面对，"无常"一类的概念多在高知分子群体中流传，导致民众大多是"逆来顺受""能躲则躲"的态度，对于未来可能出现的危险，通常没有足够的心理准备。

但正如开篇所言，毁灭、灾难乃至死亡，本就是每时每刻都笼罩在我们每个人头上的一道命运，用存在主义的话讲，这是不可避免的存在的一部分。它平时是看不见的，我们不会去想着第二天走到路上会不会被车撞死，是因为如果一直处在这样的担心之中，我们将无法正常生活。可是这类担忧并不会在这个世界上消失，当我们看见新闻里一些灾难事件，当我们听闻身边一些人的不幸，这种对于毁灭的恐惧便可能会让我们内心失控。在2020年的这次疫情中，就是铺天盖地的死亡新闻不断提醒着我们："死亡就在你的身边，那些人都正在痛苦中死去，明天不知道是不是就将轮到你。"

这种平时不会去留意的关于濒临死亡的信息会在一些人内心涌起，这给人带来的感受，同样来自一种日常防御的撕裂，就好像平时不会去想的内容突然间你不得不去关注，不得不去承认，于是导致往常不常见的焦虑。

平常生活中，死亡焦虑多见于人到中年之后，或者遭遇过比较严重死亡相关创伤还未疗愈的人。人到中年之后，见到的意外事件增多，身边也渐渐地会经常有人死亡，亲人一个个离世，这些事件会提醒我们死亡、意外的存在，进而激起与死亡相关的焦虑。著名心理学家欧文·亚隆就曾提出，死亡焦虑是一个人心理问题的重要成因。当我们意识到"终将失去"的时候，就容易想伸手抓些什么。有时候看见中老年父母们对儿女的干涉增多，对儿孙的期待加大，可能就是在这种焦虑的驱使下做出的行为。因为"感受自己还有能力"，以及"看见自己的血脉得以延续"，是中国人常见的两种抵抗死亡焦虑的做法。然而这两种做法本质上还是逃避的，因为能力总会衰退，而儿孙也不是为了给你拿来对抗死亡焦虑而来到这个世界。死亡、意外、丧失，它们本身有着丰富的意义与力量，这部分在本文中会逐步展开详细提及。

虽然说凭借"相信世界基本是安全的"可以安稳度过绝大部分生命中的时光，可光靠对于世界本来面目的否认，光靠对于世界阴暗、危险、毁灭一面的否认，并不能算是脚踏实地地生活在这个世界上。2020年发生的诸多事情，从正面让我们没有办法继续否认这一面的存在，那么，怎样面对呢？笔者认为，首先需要做的，是区分什么样的伤害是一种有害的心理伤害，以及要怎样面对突发的伤害。

二、什么样的伤害会造成需要干预的心理创伤？

当你遇到一些重大的困扰，比如发生车祸，目睹惨案，遭受虐待，又或者是出现好长一段时间开心不起来的状态，出现比较长时间的失眠、嗜睡、酗酒、抽烟增加、自杀自伤念头等，请及时寻求专业创伤治疗师的援助。其实中国人，包括许多干部、管理者，对于心理危机、心理创伤的认识普遍是不科学、不完整的。不止一次有人介绍刚刚遭遇严重车祸的人找到我，希望他们得到心理干预，但是该受害者的家属却十分不相信心理干预的方式，认为还不如去找法师驱邪。当然我个人并不排斥这种传统的方式，但是很多时候一两次干预就可以将重大创伤化险为夷的事情，却因为这样的拖延而变成困扰受害者一生的重大心理问题。

什么是心理危机？心理危机不是事情本身，而是事情对某个具体人的影响。比如这次的疫情，对我们每个人的影响都是不一样的，有的人被吓坏了崩溃了，有的人出现了各种各样的情况，有的人用各种为他人奉献的方式平衡自己的无能感，有的人对这件事几乎没什么感觉。这是由不同人的心理承受能力决定的。这种我们日常讲的承受能力，包括一个人对于事件、感受的敏感程度，也包括这个人过去的内心基础，比如是不是有过很多创伤，比如原始的亲子关系怎样。这甚至与年龄、社会阶层也都没有完全直接的关系。我见过有的人从小家境并不一定好，但是幼年时期与母亲关系非常健康，日后也发展出了极强的心理抗压能力，就算遭受一些很大的创伤，复原力也非常好；也见过有的人虽然家境非常优渥，但其实家庭关系并不和谐，而且一直被宠在温室之中，很小的风吹雨打都很容易受伤,或者一直都被家里人养着,自身也很难发挥出自己的真正潜能。这种事情与年龄也不一定完全挂钩。所以事件本身并不能决定某个人内心受到的伤害会有多大,也不能够预测这件事情对某个人的影响会有多长久。具体的区分我想以下面这个简图来说明:

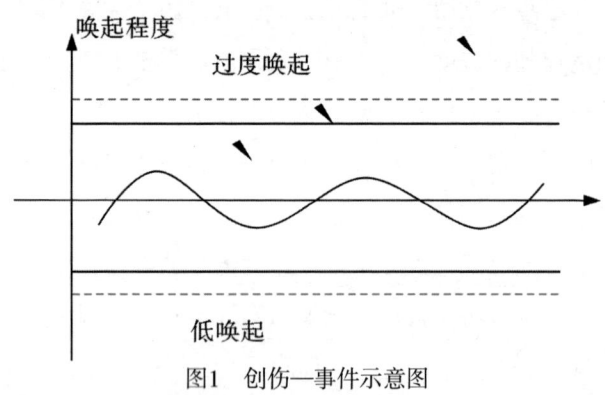

图1　创伤—事件示意图

在这幅图中,纵轴代表唤起程度,横轴代表时间。意思是横轴往上,是激动的唤起,比如说一声巨大的爆炸声响,或者是一次把人撞飞出去的车祸,或者是剧烈的人与人之间的伤害,或者目睹了某次血案的发生,等等,这些都是高唤起的例子;而低唤起事件,就有比如说亲人离世导致的巨大悲痛、失去挚爱导致的无力感无意义感、抑郁导致的停滞感,等等。大家可以看到图上我画了几个小小的黑色闪电,上下有两条实线,实线内部表示一个人在某个时刻的心理强度可承受范围,也就是说,当事件发生在两条实线之间时,它是个我们在那一时刻可以承受的事情,这样的事件,就算是会让我们兴奋或者不舒服,那也是一些睡一觉就能过去的事情。

可是,如果事情的大小,超出我们可以承受的范围太多,比如最上方最右边那个黑闪电。在距离这个人那一时刻可承受的范围那么远的地方，发生了一个事情（举个极端的例子，比如发生地震，而且亲人全死了），这样一件事情就很可能造成心理创伤，因为这个人在那个时刻所拥有的一切理解这个世界的方式，全都失效了，就好比电脑因为数据量太大突然死机，完全无法处理，无法理解，这样的事情，就是需要心理干预介入的危机事件。

而如果事情发生在我们可以承受的范围周围，也就是图中实线附近的那个小黑闪电，这样的事件超出了我们的承受范围，但不多，稍微扩展一下自己看待世界的方式，听点大道理，看点名著，看些好电影，就可以成长到能够接受这件事情的程度，这样的事情，就是可以拓展我们心理承受能力的事件。这很重要，在后面的"创伤后成长"内容中，我还会再次提到。

日常中，有许多症状都可能是创伤问题导致的，比如前面提到过的失眠、嗜睡、噩梦，这是因为晚间睡觉时，压抑这些痛苦事件的脑区开始休息，于是痛苦涌了起来，变成了难以入睡或者过度睡眠状态。又比如酗酒、抽烟甚至药物滥用、吸毒、赌博等，这是大脑压抑痛苦的机制失效后，自动想要寻求外部物质缓解的现象。还有抑郁、双相、自杀自伤，这可能是创伤后世界观、价值观的崩塌，或者"想要改变过去"这种想法的不断失效，导致的情绪低落以及悲观厌世。今年的许多大事件中，医务工作者们是这些心理现象的最大受难者，因为冲在最前面的就是他们。救不回来的人，救不回来的同事朋友，铺天盖地的灾难，都有可能大大超出一个人的承受范围，就算这些人就是平时在急救室冲锋陷阵的医生护士，今年所发生的事件也有很多大大超出了他们的日常经验。

顺道提一下关于欺凌的问题，因为这也是一种现在儿童青少年群体中常见的心理创伤。笔者在芬兰学术交流时参加过一个欧盟的欺凌项目，该项目抽样调查对比了全世界受欺凌学生的心理状态。研究发现在全世界的欺凌现象中，受欺凌的创伤现象中，还可见受欺凌者成绩、生活直线下降，注意力难以集中，以及由被欺凌者转变为欺凌者的现象。这些都是日常生活中可能发现的，但很多时候却都处在一个不被理解的状态，以为可能只是小孩子之间闹闹情绪，但真实的情况可能远不是如此。因此在这里也想提醒大家，对于日常一些"不太对劲"的感受，要加强认知，将心理上的痛苦尽可能降至最低。

接下来，给出几个可以缓解创伤性不适的实用方法，这些方法不仅可以用来缓解今年很多事情造成的困扰，还可以用在平时一些危急事件发生之后对不适进行应急处理。今天在这里写下的方法，在许多地方都可以使用，当然，这都是一些自助方法，如果身边有人出现了紧急的心理问题，在条件允许的情况下还是尽可能寻求专业人士第一时间的帮助。

如果一件事情发生之后，在一个月之后想起来仍然会有很大的痛苦情绪，或者让你集中不了精神，或者偶尔会有一些画面、感受、想法闯进脑海不受控制，那么可以使用以下方法尝试自己进行调整：

首先，我们可以采用"接地法"，尝试让自己从痛苦的感受中回归到你所在的此时此地，再通过"安全之地"的冥想，尝试让自己的内心回到一个可控的状态当中。接下来就请试着找一个不受打扰的空间，跟随下面的指导语进行练习。你可以自己将这些指导语录下来，然后播放给自己听，也可以只是看着文字自己进行，只要确保这一过程不干扰到你的冥想即可。

接地技术

这一技术可以用在你情绪状态出现失控的时候，也可以用在当你感觉自己不清醒，总被某些念头、画面抓住，无法集中精神的时候。使用这一技术的目的是让你的注意力转移到外界，离开内心的负面感受，与自己内心的负面情绪拉开距离。你可以把这一想象体会为"换频道"，就像你在看电视的时候更换不同的频道一样。整个过程中需要你睁着眼睛，根据自己的意愿观察房间四周，一定记住请你保持在不失控的状态。另外，尽量不要做任何的判断，只需要注意"是什么"。

现在请将注意力集中在你所在的房间，观察一下四周，看看房间里一共有几扇窗户、几扇门、几张桌子、几张椅子……请你数出来，说出来。接下来请你试着在你所在的房间里，找出3个白色的东西，任意3个白颜色的东西都可以，很好；再继续，请找出4个红色的东西，请你说出它们的颜色和名称，而不只是指着它们说"这个""那个"；请继续找出5个黑色的东西。非常好，你已经开始进入与现实对接的状态。

当你做完这些，如果仍感觉内心的情绪有涌上来的趋势，可以再继续做一个心理练习：请你从100开始，减去5，然后记住新的数字，再减去5，再继续减下去。如果觉得自己数学不好，也没关系，这个练习的主要目的仍是为了让你从过去的影响之中回到现在，当你感觉自己心神已经比较稳定，就可停止这一练习。

内在安全之地

这一练习,主要关注内在安全之地的建设。这是一个内心的安全之地,是一个我们不管遇到什么情况都可以随时退到其中的地方。我们知道有些地区,比如日本,是一直会有地震的,而那里的人内心所构建起的安全机制,使得大家可以生活在一种相对的安全感中,日常的生活可以继续。

现在,请在你的内心世界里找一个让你觉得非常安全和舒适的地方。可以是曾让你感觉到安全和舒适的许多地方的合成,它可以是真实的地方,也可以是你想象中的地方。

这个地方或许离你很近,也可能离你很远,也许在地球上,也许只存在你心里,也可以在宇宙里的任何地方。

别着急,慢慢去找到这样的一个地方——或许你看到了些画面,或许有些想象,有些想法。无论出来的是什么,只要让你感觉到平静、有疗愈作用、安全,就很好。

当你找到了这样的地方,就请待在这样一种想象之中,你可以睁着眼睛,也可以闭上。

现在请你再检查一下这个地方,看看是不是很安全、很舒适。请从下面的各种感觉进行检查:

——你喜不喜欢所听到的所有声音?如果喜欢,那就这样,如果有不喜欢的声音,就做些调整。

——温度适不适宜?

——你喜不喜欢所闻到的气味?

——空间够不够大让你觉得舒适?你能在里面活动吗?能不能摆出你想摆的姿势?

现在再看看你需不需要给这个地方设一个边界，好让你感觉在这里是相对来讲绝对安全的，你能控制这个地方，除你之外没人能进得来。想想看你想要一个什么样的边界，是树篱呢？围墙呢？还是有魔法的边界呢？……请你自己想象，做些调整，直到你觉得足够安全为止。

这一边界十分重要，请尽可能想得细致一些，使得这一边界可以从视觉、听觉、触觉、味觉等通道隔断一切你不希望出现的现象，而且请谨记，这一边界，只有你自己可以进出，也只有你自己可以决定谁可以从这一边界进出。

现在再问问你自己，愿不愿意邀请一个或者几个有生命的东西进来陪你。请先不要让任何人进来这个地方，但可以邀请总对你友善、仁慈、关怀备至的贴心帮助者（一定要完全正性）。如果你想出来的生物或人物没有这些品质，或甚至有伤害你的可能，你应该把他们送走，他们不属于这个地方。

你构建完这个地方后，看看还有什么能让这个地方更为安全、更为舒适？你身处这个地方的感觉怎么样？你看到了什么？听到了什么？闻到了什么？皮肤的感觉是什么？肌肉的感觉呢？呼吸呢？腹部的感觉呢？如果现在所有的一切都觉得挺好的，你可以给这个地方取个名字，或者选一个身体的姿势、手势，以后只要做出这个姿势，想着那个名字，就能感受待在你的安全之所的各种感觉。

有时候，或许你得对这个地方的某些东西做些调整，或者添加点什么，才能让你的这个地方更为安全，所以，时不时地检查一下，密切留意就好。

现在花点时间感受一下在你的安全之所的那种安全与舒适的感

自我情绪篇

觉，然后带着全然的觉察回到你的房间，感觉一下你的双脚平稳地踏在地上。

以上这两个练习，都是一种应急处理，如果正在阅读本文的你的确遭受过一些创伤性事件，比如欺凌、排挤，甚至性方面的伤害，又或者曾经发生的意外事件比如地震、车祸等，以及今年发生的事件中对你造成的一些伤害、丧失，让你遭遇了很大的冲击等，这些事件的影响一般会在三个月后恢复大致正常的状态，但如果在你想起这些事件时仍感觉到痛苦，请寻求专业的创伤治疗师进行进一步治疗。

三、复杂型创伤/哀伤

今年的许多灾难，给人们带来的不安全感主要仍来自"死亡"的威胁，这一威胁甚至至今仍是笼罩在我们每个人头上的一片乌云。而有些丧失，就我所听到的故事，有时候是举家受难，而在这个过程中，丧亲之痛往往是复杂的，并不像通常的丧失那么简单。

今年的这些灾难，突如其来，出现了很多"无法好好告别"的情形。通常来讲，亲密关系、亲人关系的丧失，一旦出现，本身就是每一个人需要面对的重大事件。著名心理学家约翰·鲍尔比认为，每一个"重要他人（生命中照顾我们的主要亲人，或者我们的亲密爱人）"都是一个"安全基地"，它带给我们基本的稳定感、安全感，哪怕这段关系并不是很好，也会因为关系的特点带给我们立身处世的一些基本稳定安全的感受。这种关系的失去，等于是在我们内心撕裂出一道伤口。有心理学家曾用脑科学技术对失恋的人进行脑部扫描，发现当失恋的人想起自己曾经心爱的人的时候，所启动的疼痛脑区，和身体真的遭受某些疼痛时启动的脑区，是很类似的。也就是说那些痛苦，那些"心痛"，是真的痛。

而如果这种丧失，不管是关系的断裂，还是因为死亡造成的阴阳相隔，太过意外，或者太过突然，太过不合时宜，就会出现所谓的"创伤性丧失"。换句话说，这个死亡，这个丧失，是同时带有创伤的特点，这时的哀伤就会进入所谓的"复杂型哀伤"的过程。也就是说在丧失的同时，可能伴随着很多旧有防御的崩溃，以及可能会在那样突如其来的死亡事件中形成某种挥之不去的闪回现象（指某一种画面、声音、气味或者想法不受控制地闯入脑海，且不受控制地停留）。以今年的灾难为例，当一个人在这段时间里，比如说同时失去了双亲，自己又感染了新冠病毒，而且因为疫情的缘故，并没有机会好好地进行告别仪式。在这样的一个情形中，不仅丧失的心理过程会被迫开始，而且由于疫情所打破的一个人的基本的安全感、可控感，可能会让痛苦倍增。而没有足够的哀悼、告别，又会使得这个关系成为所谓的"未完成事件"，让这样一个哀悼过程难上加难。"未完成事件"的意思是，比如说这个人本来跟爸爸妈妈约好了过完年要去长城旅游，比如说自己已经做好了很多准备希望在他们年老的时候好好对待他们，现在这些都变成了不可能完成的事情，原本我们倾注在这上面的心理能量突然没路可走，发动机还在动着，方向盘还向着这个方向，可是，前方的路却突然就这样消失了。

关于"未完成事件"，或许直接用一个故事来举例大家就会明白：之前香港有部演僵尸的电视剧，里面有个剧情大致是这样的：有一头非常凶恶的僵尸，在村里四处杀人破坏，片子里的道士是男

自我情绪篇

主角,一开始对这个僵尸使尽各种法子,都没用,还差点把小命搭上。后来,村子里的人告诉道士这个僵尸的死因。说他原来是个很善良的地方官员,死的那天,他正拿着一份礼物,要去参加一个很重要的婚礼。就在去婚礼的路上,他遇到山贼,人被杀害,礼物也被抢走了。后来就变成了现在这头僵尸。道士听完,就设计了一场婚宴,全部人cosplay装扮好,扮成婚礼中的人物,宴席就设在他本来要去的那个地方。在婚宴当天,再弄一份礼物扔到这头僵尸手里。接着这位杀人不眨眼的僵尸大哥真的拿着礼盒跳啊跳,去到婚礼现场。当"新郎官"战战兢兢地接过僵尸手里的礼物时,只见僵尸喉咙处一道黑烟飘起,整个躯体化成灰烬。虽然这是编剧所为,但其中包含的心理学道理却十分完整。当一件事情在人心中未能完成,就容易一直卡在那里,如果遇到这样的情况,可用后文所提到的"空椅子技术"尝试为自己开解。

在这种复杂的丧失底下,一个人要面对的哀悼是多重的。如果阅读这篇文章的你,不幸属于这种情况,即亲人去世后很长一段时间里仍十分痛苦。在这里我希望提供一点可能帮助到各位读者的方法,然而同样的,这也是一些简单的方法。北京师范大学王建平教授组织了一个专门针对疫情的哀伤辅导团队,如果实在有这方面的痛苦和需要,请读者们微信搜索公众号"临床与咨询心理实验室"寻求进一步的帮助。

在叙述这种方法之前,首先希望各位读者了解:在世界中失去一个人,是一个事实,但是让我们自己在心里面真正开始想要去接受这种失去,是每个人可以自己决定的。哀悼的过程,大致会经历否认—愤怒—讨价还价—绝望—接受五个环节,但是每个人开始这一哀悼的过程通常都不一样，经历的过程也常是不一样的。有的人很快就开始了很剧烈的哀悼过程，有的人会选择不断让自己忙起来，工作或者做其他事情，哀悼的时刻会一段时间之后才真正开始，还有可能有的人会一直"假装"离开人世的人仍然在他们身边，这可以很大程度上减少他们的痛苦并让生活继续。这些情形大都是无意识的，是我们的内心世界自己选择对我们最好的一种生活方式。因此如果你阅读到此处仍觉得自己不愿意面对这方面的内容，就请略过这一节。

但是不管怎样，请在日常生活中保持足够好的人际关系连接。足够好的意思是，远离那些会对这种事情表达批判的人，或者远离这样的言论。请尊重自己的节奏。有个例子，一位母亲在一次意外中突然失去了自己的女儿，而她十分冷静地为女儿置办丧礼，随后就投入繁忙的工作中去。直到两年后的一天，偶然她和朋友一起到一个湖边闲逛，她才突然眼泪止不住地流下，接下来陷入了一段十分痛苦的哀悼过程。大家可能猜到了，她的女儿就是溺水去世的。在这个例子里，初看可能会觉得这位女士没什么感情，但其实她自己内心有着自己的节奏。足够好的陪伴是相信并且陪伴，不评价，也不刻意强求。

在有足够好的关系陪伴的基础上，尝试恢复工作，工作经常是打断某种发呆状态的良好方式，也是某种"接地"的方式，与现实连接的方式。如果在这种情况下，仍然出现严重的困扰，挥之不去又十分痛苦，可以试试以下几个方式：

如果总会想起与逝去的人有关的某一个画面，可以试着先把画面用文字写下来，不要让它一直只停留在脑海之中。写下来后，可以再试着对着文字，看看这个画面是否想要告诉我们一些什么？它是不是与离世亲人的离开有着相关联系？它是不是与这样一些事情有关，比如你仍未完成的、还没说完的话、还没做完的事情，或者还没解决的疑问，还没发泄的怨气等。如果是这种情形，可以试着用"空椅子技术"，与未完成的部分进行对话。

空椅子技术

请找一个安全舒适的场所，如果实在觉得不安全，可以找一位足够好的朋友或者亲人，以不批判、不评论、不干扰、不向他人泄露内容的态度陪在你的身边。

请在你的对面摆一张椅子，椅子的距离、位置，可由你自己决定。

接着试着做几组深呼吸，看着椅子一分钟，想象椅子上坐着你想对话的那位亲友，如果有多位亲友想要告别，建议每次先只做一位。

请仔细看着椅子，描述你所看到的这位亲人是什么着装、发型、发色，穿的衣服是什么颜色，裤子/裙子是什么样式，鞋子袜子是什么模样，脸上带着什么表情，说话是什么声音，是否做着某种动作。请尽可能详细描述你看到的内容，如果在这一过程中，感受实在过于痛苦，请停下来，寻求专业支持。

如果还可接受，在出声描述完这些内容后，看着他/她，对他/她说你一直想说，但没来得及说的话，在这一过程中，如果出现情绪，比如伤心想哭，请不要抑制自己。同样的，如果过程中实在太过痛苦，请停下来，寻求专业支持。

所说的话可长可短，可顺着你的内心，将想说的话说完，是埋怨，是愤恨，是感恩，是惜别，都请顺着情绪的流动，让这一切进行。

在想说的话说完时，听听对方想说什么。记住并不是以你的记忆去设想他/她会怎么说，整个过程不建议动用思考功能，你只是看着他/她，等着对话在脑海中浮现。

这样的对话可以进行多组，你说，然后听他/她说，一直到你们所要诉说的内容都已完全说完，如果一次的时间不足够，可以进行多次这样的对话。但是如果对话一直持续超过3次，便建议寻找专业心理支持，沉浸在想象之中也是对亲人离世的一种否认。

接下来，当对话已经基本结束，试着与对方告别。你可以按你自己的方式说出告别的话语，如果这个过程中希望拥抱对方，可预先在房间中准备抱枕，以抱枕代替。

当说完告别的话，以你的方式与对方告别，可以鞠个躬，可以挥挥手，以你感觉舒适的方式进行即可，以这样一个方式，送他/她继续前行。

随后闭上眼睛，做几组深呼吸，回到房间里来。如果情绪过于失控，请参照前文"接地技术"操作，让自己回到现实中来。

以上是一个简单的告别仪式，在这之后，还可以写信给这位亲人，将告别的话写进信中，再将其烧掉。再次强调，如果这一过程中实在太过痛苦，请寻求专业支持。

创伤后成长

哀伤也好，创伤也好，是人生中不想经历但却必须经历的事件。这样一些事情本身并不是好事，但却因为它们的必然出现，使得我们开始对这个世界的苦难进行思考。在伤痛得到一定程度的处理后，当流脓的伤口变成一道碰了也不会多疼的伤疤，我们就可以开始思考这道伤疤的意义，以及我们可以从这次受伤得到的经验。苦难其实是觉知的缘起，在苦难最多的时代，往往也是哲理、哲人、艺术家大量出现的时代，这在古今中外都有例子。从创伤的角度讲，这并不是偶然的。

　　正如前文提到过，发生在可承受范围周围的事件，可能会拓宽我们的心理承受能力。俗语常说，一个人的气质里，藏着读过的书、走过的路和爱过的人。这些都是拓宽心理承受能力的重要因素，但是在我看来还需要再加一个，就是"受过的苦"。

　　苦难，包括了本文中不断提到的伤害、罪恶、丧失、变动，需要从个人层面和集体层面两个方面来认识。在今天的内容中我想先比较多地谈论个人层面。当苦难已经过去（是感受上的过去，而不只是时间上的过去），当我们可以开始来反思这件事情，或说这些事情，我们可以更加全面地去看整件事的影响。中国人的思维一般都没有绝对的好坏，塞翁失马的故事是我们从小就会听到的故事，阴中阳，阳中有阴的八卦阴阳鱼也是我们日常都会看见的符号。也即是说，不管是苦难还是消极情绪，总是会有积极的一面。消极的情绪，抑郁、伤心、恐惧、焦虑等，以及其他丧失时所导致的感受，也是我们丰富人生的一部分。人类进化至今仍保留着消极情绪，即是这些情绪本身有着存在的意义。哭泣的时候我们会排出毒素，哀伤的过程可以让我们将离开的人对我们造成的好的影响留在心里，恐惧可以帮我们认识到危险，焦虑可以让我们小心保护自己。只是当它们的运作出现恶性循环的时候，会给我们带来一些不好的影响，其余时间这些不好的情绪实际上常能提醒我们注意可能需要面对的潜在问题。太过想要拒绝不好,太过想要快点好起来,反倒很容易让自己陷在不好里面出不来,这是很多临床工作者都会观察到的现象。

而且,这个世界上,恩怨不能相抵,坏的感受也不会真的能够破坏掉所有好的感受。正在看书的你,如果经历过十分痛苦的感受,如果这些感受挥之不去,请先留住它们,将它们放在一旁,然后,看看自己是否愿意试着想想,在走到现今的时日里,是不是有过哪些自己已经做到的事情?有没有什么事情,是可以让你有成就感的,是你一想起来就会感觉到自己很好的?有没有什么人,那些与他/她相处的时光,是你想起来就会感觉十分温暖的?不管这个人目前是否还在你的身边,曾经的那些美好,记得一定要是全好的那部分经历,现在回想起来,它们带给你的感受,是否还在?如果他/她是你目前身边的人,看见他/她不管怎样都还不离不弃,一如既往地支持着你,感觉如何?

就算以上两者都没能找到合适的积极点,你是否愿意回头看看自己,看看这个一路走来,还抱着这书阅读的自己,是什么支撑着你继续读着这篇文章?是什么支撑着你走到今天?所有的支撑在你不知道的情形下,在你知道的情形下,一直一直就这样支撑着你,在痛苦的同时,它们是否消失过?而如今,的确,痛苦与苦难可能会一次次地提醒你摧毁着这些美好与力量,可是请告诉我,仍在阅读这篇文章的你,它们是否仍在那里?

在个体的层面,日常生活实则都会让我们可以回避内心的苦楚,这里的苦楚不仅包括了成长的停滞,实际上存在着却无伤大雅的问题,还包括两种十分有趣的现象,就是存在之空虚与存在之内疚。

存在之空虚,是意义疗法大师弗兰克尔提出来的概念。表现出来是一个人找不到生命的意义,找不到生活的目标,这与家财是否万贯,人前人后是否光彩没有绝对关系。有不少人,总在匆匆忙忙中试图忘记自己,试图忘记自己是谁,试图忘记自己想要做些什么,好似这一切选择的后果交给组织、交给公司、交给学校、交给政府,就不复存在。可这也是一个幻觉,尤其在灾难、苦难降临的时刻,这一做法的"虚妄感"将展露无遗,因为过往一切欺骗自己的方式,在那种情形底下都不再奏效,剩下的感受只有必须面对的真实,即:生命的有限和选择的有限。苦难常常是直接面对这些真实的情境,有时候太过真实,在还没做好准备的情况下就会导致创伤。

所有的苦难都有撕开防御的力量,也正是如此,它也是带入新信息的缺口。比如佛陀,在他还是王子的时候,每见到一次生、老、病、死,就升起一堆不好的感受。可也正是这些感受催他出走,催他修行,也是这些感受,催生了他最终创立的这一整套救苦救难的学说。前文所画的"可承受范围",在某种程度上,也可以看成我们日常所说的"舒适区",打破舒适区必然带来不舒适的感受,然而,不管是个体还是集体,公司还是国家,一潭死水常常是灭亡的开始。人对稳定是有固定需求的,甚至是有生理基础的,我们的大脑本就习惯了舒适和安稳,于是拖延和阻滞才总会在前进处出现,反复和倒退才会总在历史中重演。我们并不歌颂苦难,也不是渴望苦难,但在苦难发生时找寻生机,本就是每一个人类生而具有的能力,否则人类的历史不可能走到今天。

第二个概念，关于"存在之内疚"，是欧文·亚隆在他的《存在主义心理治疗》中提到的一个概念。大致意思是一个人活在这个世界上，如果没有去"活出自己"，会导致一种不知道哪里不对劲但却总好像不大对劲的感觉。这样一种感受，平时我们可以用生活的烦琐和劳累来回避思考这些，可是这种感受隐隐约约地总会在我们感觉不到自己的存在感时冒出来。当它冒出来的时候，我们又会非常自动地、快速地用钱，用权力，用地位，用胜利，用他人羡慕的眼光，用酒精，用药物，用美女/帅哥，用一切可以用到的方式，来填补自己的这份内疚与空虚。在笔者的理解中，这种内疚是存在空虚的另一面，它只是更指向推动力的一面，而空虚更指向的是缺失感的一面。

创伤后成长，往往就有着以上两股力量的推动，涌进来的新信息如果可以纳入我们心灵体系之中，成长就不可避免。就如前文图中的两条虚线，当这种拓宽实现的时候，一个人可以承受的事件就不再是受创之前可以比拟。

存在主义里，有另一个概念，叫因应，这是台湾同胞翻译过来的词，我觉得翻译得很好。指的是我们面对苦难时，自己所采取的态度，以及在面对这一苦难的过程中所采取的行为。拥抱和接纳世界的样子，接纳世界本身具有的苦难、衰老、丧失，作为人类，它们带给我们的痛苦感受会让我们都非常难以接受。可是，去接纳自己面对这一世界时的所有模样，去知晓我们所有人都共享着世界本来的模样，去知晓我们共享着所有的苦难和苦难之中的脆弱，去知晓苦难所带给人类的推进与意义，去在所面临的一切情境中试着做出自己作为人类的选择，是作为渺小人类的我们，可以做到的事情。而做到这些，就常可以唤醒我们作为一个人类面对真实的时候，生而具有的力量。

经验的意义

说起意义，很多时候会让人觉得十分鸡汤。尤其是在大灾大难的情况下，如果伤痛还没有得到足够的哀悼，谈论意义，或谈论灾难的积极面，经常会变成一种强制说教，给人一种"站着说话不腰疼"的感觉。因为心理伤痛的痛苦是实实在在的，如果不去正视，如果只是回避，或以一些冠冕堂皇的理由要自己坚强，如果那些痛苦已经到达某种程度，这种做法其实不只是徒劳的，而且是有害的。这些痛苦不会无缘无故消失，它们只会像地雷一样埋藏着，或者以其他形式比如躯体疾病，或者梦魇的形式表达出来。

实则"失去"本身是一种中性的事件，只是我们对"失去的感受"有着正反多面的意义。"失去"可以让我们失魂落魄，"失去"也可以让我们更加珍惜拥有的宝贵。有些事情，不彻底失去一次，是学不会珍惜的。在西方存在主义哲学中，"丧失""死亡"是一个前提，是世界给予人类的一种前提限制。也是在这种前提下，在我们的时间是有限的情况下，每一个选择才会显现出重于泰山或是轻于鸿毛。因此很多时候存在主义治疗师会在这种失去的前提下去跟来到咨询室的人们讨论他们生命的意义。大家可以设想一下，如果你的生命是无限的，那么今天来读这本书或者不读这本书，其实是没有区别的，你大可10年之后再来读它，因为根本不需要急急忙忙现在来做这个决定。因此对失去的感受，往往可以倒逼我们感受现在的宝贵。对痛苦的感受，往往可以使得我们找到自己生命的意义，找到未来想要成为的自己。

因此当痛苦已经得到一定的缓解或思考，谈论这一苦难背后的意义才会容易进入真正的感受中去。意义疗法（Logotherapy）来自一位奥地利人，维克多·弗兰克尔，他是四座纳粹集中营的幸存者，他的半自传体著作《活出生命的意义》曾长期位居亚马逊购书排名前十。他在二战中失去了所有亲人，包括他最深爱的第一任妻子和他的第一个孩子。他在集中营的悲惨经历，结合他自身的心理学修养，使他在幸存下来并被接到美国之后创立了意义疗法。他说："我生命的意义即是帮助他人找到他们生命的意义。"他的后继者们，又在他所描述的原则基础上，将疗法细化，发展成一种心理教育属性的疗法，用于帮助很多临终病人。他的方法也被其他疗法吸纳，用于帮助在生活中受到各种伤害的人，以及在生活中感到迷茫，找不到意义的人。

每一个有伤害的事件，本身都是不好的，伤人的，使人痛苦的。但当痛苦已经有所消减，或者苦难实在无法回避（比如每个人无可避免的死亡），我们可以通过思考事件对我们的正反面影响，或者寻找事件的意义，来让我们对生活重新燃起希望，来让我们对事件的感受发生变化。在今年发生的许多事情中，有过许多可歌可泣的故事，对于生活在其中的每一个人，也都造成了不同程度的影响。在文章的最后一节，我想通过一些提问，来试着帮大家梳理苦难背后可能存在的意义。如果大家经历过一些痛苦，可以自己找个时间，找份纸笔，看看自己对于以下这些问题的答案，看看这些答案背后，苦难是否以它的方式，在向你诉说着一些什么。

1. 首先，请先写下四个答案，用来回答以下这个问题："我是一个什么样的人？"

这些回答可以是正面的也可以是负面的，可以是关于你人格特质的，也可以是关于你的外在形象、内在信念、你做过的事情、你的人际关系，等等。

在写完之后，接下来，请在答案的下面书写回答："经过这次痛苦之后，这些答案发生了什么样的变化？"

2. 经过这次苦难，在多年之后，如果有机会向你的儿孙辈描述这次的苦难，你会怎样描述？是否有什么体会或者经验，会想通过一些故事传达给他们？

3. 这次的苦难是否让你失去了什么？或者说，失去过什么？面对这样的失去，你觉得对于你未来的生活，可能有什么样的指导作用？

4. 经过这次的苦难，你是否感受到，或者感受过，觉得生命失去了意义，或者觉得生活不值得继续过下去？回想疫情之前的生活，你觉得有没有哪些之前想做但没做，或想说但没说的？如果重来一遍，你会想要怎样做？

5. 死亡对于你而言意味着什么？这是目前人类必将要面对的未来，对你的生命有没有什么样的意义？

6. 请列出三件使你"感觉自己正在好好活着"的事情，再回头看看，苦难是否影响到了这些事情对你的影响？

7. 你对于未来有什么样的期许吗？你觉得你的生命是为了什么而存在的？苦难之后，这些答案发生变化了吗？

8. 如果你愿意，想一想什么样的死亡，是一种有意义的死亡。

成长意味着面对一切的真实，这是教育无法真正给予我们的，这是每个人整合自己经验的必经之路。每一个个体都有着自己的反应，有着自己需要面对的苦难。钢铁之心并不是谁可以直接给予我们的，而是来自每一次面对苦难的时候，每一个个体所做出的每一个选择。当所有的这一切逼迫我们做选择的时候，我们有没有被摧毁，有没有被拖进堕落的深渊。每个人所面对的独特苦难，在它得到一定程度的疗愈之后，终将变成每个人独特的心理资源，而你独特地面对这一苦难的一切努力，也都终将为相似经历的人们点上一盏明灯。

当年我在读硕士的时候，一次临别，我的师兄陈灿锐博士对我说："真正护住心脉的一个概念，叫'无常'。"在当时我仍懵懂，并不理解这个词，也不知道它可怎样护住心脉。而今，作为一名专攻创伤的心理咨询师，我自己也是从重大创伤中走过的人，在经历过生死之后，才明白世间万事并不由人，无常才是世界运作的常态。今年的疫情暴发之时，我对死亡、无常的感受已经变成一种习惯，因此并没有特别大的惊恐，在暴发之后可以以稳定的状态去给他人提供支持，在阴暗之中继续去做自己能做的事情，这是对无常的接纳带给我的力量。

当现实掩住你本以为睁开的眼睛，当世界向你展示它本来的模样，当善恶好坏都在你跟前呈现，让你躲无可躲，这时你还爱不爱这个世界？爱不爱你自己？爱不爱这些在世界上形形色色以各种各样的方式生存着的人？人性的复杂对应着世界的复杂，是人类对抗世界时在自己身上形成的力量。这篇文章中多次出现"如果太过痛苦，请寻求专业心理支持"，是因为有的痛苦如同割破手指，很快即可愈合，有的苦难就像摔断了手，的确需要在专业治疗之下才能安全疗愈。我最近常常认为，不觉人间苦，是天真，而只觉人间苦，是幼稚。在我们每个人心中，都存在着一种与遭逢的现实相应的复原力量。希望本文可以给有缘的你提供力所能及的支持，也希望你能找到属于自己生命之中的力量，如同感染病毒之后产生抗体的身体，在所有苦难之中，获得属于你自己的、独一无二的存在体验。

看看这个世界吧！天空并不会因为阴雨，就停止流动；大地并不会因为灾难，就不生养万物；流水并不会因为阻隔，就不流向大海；火苗也不会因为身处黑暗，就不照耀四方。而人类，不论你我是否相信，历史都已经告诉我们，它并不会因为遭受苦难，就停滞不前。

最后，愿死者安息，愿生者都可遇见与自己所受苦难相应的力量。

运用自由写作为自己充电

孟彧涵

近年来,人们越来越看重写作带来的现实层面的功用,比如成为"大V"、涨粉、带来关注度、获得职场和事业上的成功……从这个角度来看,我们可以称之为写作的"外倾性"功能。简言之就是无论写作者本人怎么想,需要去迎合外部世界的需求来制造文本,达成绩效,目的在于写出作品来给他人看,作品承载着证明、传递、展示某些东西的作用。而本文则反其道而行之,尝试介绍一种遵从内心的想法(包括意识层面和无意识层面)所流淌出来的文字。它可能非常跳脱,上下文没什么逻辑,不那么讲究行文架构,甚至可能只是连不成句蹦出来的字词……逆常规的写作技巧而行,但最终追寻的是顺畅而真实的表达。

你现在所看到的这篇文字,因为是为了出版,为了"让读者能够弄明白",它必然不是一篇自由写作的直接产物,笔者自己在无人看见的独处时刻所写下的自由写作的文字,也不长这样。但它的字里行间依然渗透着那些自由写作所带来的触动和感悟，以及在经年累月的自由写作中磨砺出的对文字的本能感觉。从另一个角度来说，内倾和外倾也在这个意义上达成了协调统合。

常规写作所需要学习的写作技巧终归还是会派上用场，但是是在文字"诞生"之后，用技巧将其逐步塑造成型；而在诞生的最初，从无意识深海跃出的第一声，对解放心灵、达成疗愈，有着重要的使命和意义。

一、自由写作的心理学价值

1. 身心疾病来自压抑

如果从头考察一个人类儿童的成长过程，那么可以说，这是一个逐渐驯服本能、完成社会化的过程。

从婴儿期的随吃随拉、想哭就哭、一言不合就摔东西……渐渐过渡到能够在公共场合安静坐着，明白忍耐一时的不方便能够换来更大的好处，为了得到他人的赞许愿意出让自己的玩具……种种表现，不一而足。而社会及周围的环境会自然地对利他行为表达赞许，对优先满足自己的行为冠以"自私""不懂事"的负面评价。放眼公共舆论领域，获得极高赞扬的是捐款做公益、牺牲自我利益去造福他人的英雄人物；而人人喊打的则是具有反社会人格特质、罔顾他人生命安全、健康、情感需求的犯罪分子，如果将这个利他—利己的衡量尺度作为一套标准的话，大多数人都在这个连续谱上，或者更靠近利他端，或者更靠近利己端。

大多数成人都在这个价值衡量体系下成长起来，一方面这换来了更高的社会适应能力，让这个越来越需要互相协作以创造更大价值的社会体系得以运转,而另一方面很大程度上也形成了对个人的压抑。

这种压抑不是显而易见的权力高压,而更多的像是一种无可奈何的屈就,或者因为没有条件满足愿望,所以连愿望涌起的冲动也不会感受到。比如虽然讨厌领导,但是为了保住饭碗不得不笑脸相迎,到最后已经麻木到对"讨厌"的感觉不敏感;伴侣有出轨的迹象明明很让人痛苦,却自我安慰说男人只要拿钱回家就够了;童年时被性骚扰的经历在脑海中挥之不去,但只要投身于"996"的忙碌生活中就不会记起……

压抑在生活中无处不见,人们在逃避痛苦的方面发展出了形形色色的应对模式,很多时候这些方法甚至不是意识层面,而是无意识化的,如果这可以一劳永逸地解决问题,当然不失为一种有效的方法,但问题在于人类心灵并不是一种容易蒙骗的存在,那些表面上不再翻涌的情感很可能会寻找其他的途径,比如化身为梦,用光怪陆离的画面与情节向主人展示无意识的语言和愿望,"邮差总敲两次门",一次读不懂没关系,下一次变个花样再来。

至于个体是否具有识别并且阅读与理解它的能力,则是另外一码事。也许面对真相实在太过痛苦,个体更愿意沉溺于防御的铜墙铁壁后面,不管无意识来敲多少次门都视而不见,充耳不闻,那么这无处可去的冲动就可能会转化为身心疾病,以更大的存在感彰显自己的力量。

躯体化是一种较为常见的表现方式,比如胃溃疡或皮肤病可能与压力过大相关,常年情绪郁结可能会令身体形成肿块甚至出现癌变,思虑过重导致失眠及自主神经系统紊乱,等等。美国艺术评论家苏珊·桑塔格在《疾病的隐喻》一书中这样说道:"癌症象征着一种失败的自我在身体内部的压抑和蔓延,它毫无希望。与一般的慢性疾病相比,它在一个人的身体内部创造出一种'非我'的状态。它象征着人类在工业时代被反噬的最终悲剧。"我们无意在此讨论身心疾病的来由与病理学基础,但随着各类相关研究的兴起以及文化舆论的渗透,情绪与身体的关系开始逐渐得到人们的重视。

在抑郁症没有成为一种被社会公共话语所认可的名词之前,人们想要用非语言的方式让人知道"我这里状况不太好"所能选择的渠道是有限的,哪怕是情绪引发的躯体化疾病,也容易被理解成为环境、饮食、遗传因素或只是运气不好,但病患会因为得病而获得某些额外的收益,比如工作上被人照顾,减少工作量甚至可以长期病假休息,原本需要承担的责任也会因为生病而卸下,得到其他家庭和社会成员的关心及爱护,等等。

从心理动力学的角度来理解,这不失为一种代偿,在精神卫生开始逐渐得到重视的时代,人们寻找到了其他方式的表达,"抑郁症"不再仅仅被认为是心情不好,那么个体可以止步于此,不必发展为躯体化的症状才能"被看见"了,罹患抑郁症所能发挥的功效,几乎可以和躯体化疾病等同,那么,疾病作为"信号与提示"的功能业已完成。精神疾患的产生和生理疾病一样,除了纯粹在生物医学上的表现,也有着特有的社会文化背景作为其土壤。

厘清了上面所说的部分,就不难明白,为什么我们所倡导的"疾病与健康"并不单纯是病与非病的二元对立,而更多地从人生而为人如何才能得到更加长足的发展,获得心灵的安宁与自由这个角度来考察问题。

2. 自由写作对解除压抑的作用

弗洛姆在半个多世纪前的忠告依然振聋发聩:"这个时代共同的疾病,即人同人自己、同他的同胞、同自然的疏离,是感觉到生命像沙子一样从手中流失,还未懂得生活就将死去;是虽生活在富裕之中却无欢乐可言。"

人们常常以为自己不幸福是没钱造成的,以为只要解决了物质的问题,其他问题都迎刃而解,却很难知晓在这个过程中如何步步退让与沦陷,加重压抑与防御,以至于丧失了倾听无意识深处声音的能力。

精神分析家们认为,通往心灵解放的基本路径是减少压抑,创造既能够满足个体内在冲动,又能够与社会环境和谐相处的平衡稳态。从这个意义上讲,现代社会所赞赏的许多优良品质(比如耐心、坚韧、创新、自控等)本质上是"反人性"的。

人生而处在以满足自我冲动和欲望为出发点的"本我"与遵从社会风俗与道德、担心被惩罚的"超我"之间难以调和的矛盾之中,这也是为什么人很容易被手机上各类即时满足的娱乐软件所吸引,而完成那些有难度的任务时则不可避免地拖延。本质来说,因为人们与生俱来的天性是趋乐避苦,协调两者的中间功能被称为"自我",心智成熟的表现之一就是自我功能良好,不做欲望与冲动的奴隶,也不做被道德与权威恐吓的行尸走肉。

从另一方面来说,自由写作虽然可以带来解除压抑的作用,但让很多人惧怕写作的,往往不是写作本身,而是在开始动笔之前,时不时浮现于心的批判之声。可能是某种不绝于耳的话语:这样写不行,不会有人看的;你没有才华;这样下去,一辈子也赶不上那些文豪，等等。

这是浅表层面的否定，它们可能会令你沮丧得无法抬起笔来，也许来自你曾经得到的评价，或者遭遇的具体场景。而当这种信念一再侵袭，就会变成另外一种深入骨髓的惯性，连这样一句"话语"都消隐不见，只剩下一种萦绕于心的挫败感和沮丧感，要直面这种感觉是很痛苦的，最好的方法就是赶紧放下笔，在生活的其他方面找点热闹和安慰，让这一页快点翻篇。

每一个创作者的内心都住着一位黑暗天使，唯有战胜它才会得到祝福。

即使是破绽也有产生破绽的理由。如果作者写的就是这破绽的理由，那不可避免一定会产生这破绽。

难道给别人写就会变得完美吗？答案是否定的。因为若不是这个作者，就没有这个作品诞生的发想，所以这个假定根本没法成立。

所以正是这样。正是因为自己是这部作品在这个世上唯一的写手，所以才会对自己的无力如此不甘。我觉得能够产生一个作家的，并非一直的胜利。

依靠表现生存的人，经常必须忍受失败的自己被众人嘲笑。这也许是那些选择了靠将表现物暴露在大众眼前，从而生存下去的人所必须付出的代价吧。但是，打破那座墙——这才是战斗。

这一次也许没能打破那堵墙，但墙上不是留着你拳头的痕迹吗？对着这些痕迹继续打下去，墙总是会破的。

不是只能这样吗？即使被嘲笑，仍然要写下去。即使一直输也要写下去。

折磨着你的是"写作",但能够治疗你的也是"写作"。……不写下去,你就无法生存。因为你真的就是这种意义上的作家。

要写啊。

——桑原水菜《赤之神纹》

这段文字虽然说的是以写作为生的职业小说家,但它所传递出来的价值观是明晰而确凿的,写作不是身外之物,而是和一个人的呼吸捆绑在一起的。这样,你不仅是在用手写作、用头脑写作,更是在用无意识写作。当被怀疑时,这种深刻的被否定感是撼动心灵的,也因此造就了一层坚固的屏障,要穿越它并非易事。

而那些讥讽嘲笑的声音,可能来自现实世界的他人,也可能是从小从养育者那里获得的反馈,最终这些都汇聚投影成一个人内心深信不疑的信念,只要这个内核还在稳定地发挥作用,就会令"动笔"这件事变得无比艰难。

很多人从小得到的忠告是"谦虚使人进步,骄傲使人落后",一旦取得一些成绩,表现出一点高兴的样子,随之而来的可能就是"不许翘尾巴"这样的警告。久而久之,那些"相信自己能够做好""自己的能力是宝贵的"之类的自信感也被一并踩在脚底,时刻都战战兢兢地准备承受来自养育者挑剔和指责的话语,那么孩子想要发展自我、活出自己生命活力的部分就会被扼杀。来自物资匮乏年代的养育者可能不会那么注重言语的鼓励,觉得把好吃好喝的给谁,就已经是最好的照料,因为那对他们而言的确如此。当孩子们发展出对鼓励和信任的需求,养育者们可能是难以理解的。这就需要长大的孩子们通过种种渠道重新找回这种感受。

心理咨询,自由写作,都是众多途径之一。如果害怕被指责,就写这种害怕;只要在写,就已经在心灵层面做好了正视它的准备,哪怕中间会有弯路与反弹,但只要沿着心灵敞开的这条道路持续走下去,一定会比一字不写更有收获。

被指责长大的孩子,一旦占据了优势,又情不自禁地会去指责他人,形成"千年媳妇熬成婆"的怪圈。从心理动力学的角度来看,这叫作"向攻击者认同",也是孩子无意识地向父母表达忠诚的手段,然而无论是指责者还是被指责者,本质上并未跳脱出这个一体两面的模式,这也是我们常会看到飞扬跋扈的人往往内心非常自卑,总是食指指着他人的人自己也非常害怕被责备的原因。

自由写作所形成的审视性空间是打破这个命运轮回的崭新力量,反思照亮了原来被无意识所牵引而构建的固有内心模式,从而为打破它提供可能性。

因为害怕被批评而无法开始写作,而解决的方法却蕴含在开始之后的路途中。写作所能处理的不仅有恐惧、失望、愤怒、丧失感……还包括人类众多复杂丰富的情感。

3. 自由写作对心理咨询的替代性作用

在长期的精神分析咨询中,咨询师提供一个包容支持的环境,令来访者能够不担心被指责和批评,允许无意识的冲动逐渐浮上意识层和语言层,"令无意识意识化,令意识语言化",从而减少压抑,提供表达渠道,协调本我冲动与超我抑制,以期达到减少症状、促进心灵成长的目的,这可以说是精神分析进行心理咨询工作的核心原则,也是能够起效的根本。而运用自由写作,一定程度上可以模拟这个过程。

　　心理咨询提供了一个场域，由咨询师和来访者两方的参与者（此处暂不讨论多人参与的动力性团体小组或家庭治疗情况，只举最简化及常见的样态），双方使用语言完成50分钟一次的会面，如果进一步详细切割这50分钟发生了什么，大概是A说B听，然后B说A听，或者双方一起沉默，这就像一个在双人之间完成的接抛球游戏一样，"语言"就是在二人之间来回传递的那个球。

　　而自由写作借由书面文字为载体，在时空上完成了由同一个人既扮演倾诉者，又扮演聆听者的转换。它可以和未来或过去的自己对话，且不局限于此时此地；它不是虚空之中尾音会随风飘散的喃喃自语，而是会留下一些有据可循的产出，成为一种可触可感的"实体"，它们也许会储存在阁楼上泛黄的笔记本书页中，或是搬家时在某个箱子的角落被发现，携带着书写者落笔时的光阴气息，也隐晦地为下一步传播至他人处留下了可能。

　　自由写作诞生于这样一种混沌的状态之中，那就是：表面上来说，不以写给他人看为目的，但只是从模糊的无意识深海中将这些语言呈现出来，哪怕阅读者自始至终只有书写者一人，这种浮现本身就具备疗愈的功能。

　　自由写作也许无法百分之百地代替心理咨询所能提供的稳定客体（咨询师作为一个"他者"，提供来自他人的照料、看见、理解、抱持的功能），但对于基于种种原因，无法走进咨询室的人来说，不失为一种极佳的自助手段。

　　业界统计EAP（Employee Assistance Program，直译为"员工帮助计划"）项目中寻求面对面或电话咨询的人数，一般不超过企业总人数的3%～8%，这还是在员工无须付费、由企业买单的情况下。如果要用个人收入来支付每月数千元的咨询费，再加上地域差异、理念差异……能够走进咨询室的人在人群中的绝对占比是很低的。现状是许多人尚未认识到心理咨询能够给一个人成长带来帮助，更多地把咨询当作"看医生"一般的行为，旨在尽快解决症状，回复到与常人无异的生活中去。

如前所述，精神分析不是一种单纯的关于"医治"与"保持正常"的学问（就像桑塔格也深刻地指出不同疾病似乎在道德和文化层面也有着不同的含义），而是向更广阔的心灵与外在世界发出诘问，寻找什么是"更好的生活"并在现实中践行它。

以上这些，都和自由写作这种形式所期望的，用文字去探寻内心世界、扩展更大的生命可能不谋而合。在没有条件进行心理咨询的时候，运用这种方式尝试解除自我的压抑，一样可以起到一定的效果，不是"想着想着就明白了"，而是"写着写着就明白了"。

此外，在心理咨询业界，还有诸多表达性艺术治疗的流派，比如舞动治疗、绘画治疗、音乐治疗、心理剧、沙盘游戏治疗、意象对话，等等，不一而足，简单来说，都是借由某种形式或管道，来让无意识的"语言"得以纾解的过程。自由写作作为表达性艺术治疗的一种，只是选择了语言这条道路而已，它们的基本原理是类似的。

回到本文开篇所提到的"内倾性"与"外倾性"的写作，不难看出，大多数以外在的目标为终点的写作，需要符合一般范式、迎合读者的阅读习惯、追寻易于传播的载体和要素，这样的好处是可以被更多的人知道（作者的知名度、全网转载与阅读量、售卖册数等指标），缺点在于让渡了可以让无意识无拘无束的自由；而以表达和倾诉自我为目标的写作，也许会无心插柳地达成上述效果，但最初创造它的时候，只是因为书写者本身有着不吐不快的苦楚罢了。

二、自由写作的技术指导

1. 如何开始自由写作

一张纸，一支笔，就可以开始了。如果喜欢使用电脑，就打开一个空白文档；想要无论身处何地随时随地都可以写下几句话，就善用各类云端笔记，或者携带轻便的小本子；觉得一个一个字敲太慢，就使用语音转文字输入的软件。

形式不重要，重要的是怎样令你觉得"无阻碍"。写作的冲动像小小的幼芽，在早期需要得到足够的照料和呵护才能破土而出。哪怕是任何一点不舒适或不方便，都可能会令"深吸一口气，鼓足勇气面对真实的自己"这个念头被打消甚至被扼杀。这就像玩玩具很开心，但是收拾玩具又麻烦又痛苦，所以干脆就不玩了，连带对这个会带来不好感受的玩具也丧失了兴趣。写作和运动一样，是一件需要身心配合才能完成的事情，无法全凭命令行事，书写者作为司令官，需要观察、顺应身体与头脑自然的需求，在这个基础上借力发力。

有的人会觉得"不知道写什么"，可能并不是真的不知道，只是不知道如何写出"能功成名就的文章"而已。人的念头没有止息，除了熟睡，其他时刻大脑总是活跃的（熟睡时也常在梦中活跃），在近年来开始流行的正念冥想练习中，"什么都不想"是很难做到的。经典精神分析使用的在躺椅上进行自由联想的方式，同样可以平移到自由写作中。

脑海中浮现什么，就描绘什么。自由写作其实也可以称为"自由"联想式的"写作"。自由联想是弗洛伊德在发现有些人无法被催眠之后开始使用的方法，也就是在非催眠、非梦的状态下，一样可以令无意识处在被激活的状态并得以表达。

脑海中的思想就像翻涌不停的波涛一般，人们常常会有一种"话到嘴边"但是忘记的感觉，那就是语言的雏形冲破无意识表层，来到意识层的临界状态。而当它可以化作词句的时候，把它写下来，仅此而已。能够凝结为语言的内容，更像是从海中跃出的海豚，而书写者就像开着小艇跟随在鱼群之后的海洋生物学家一样，一旦观察到一只，就抓拍它。

你无须考虑逻辑、转折、连词、过渡、架构、文笔，因为"从无意识深海中跃出"这个动作在最初并不是为了直接写成用于传播的文字，只是尽可能地排除阻碍，令这个第一步的跳跃变得容易一些。

一旦习惯这样做以后，你就会发现原来大脑自动运行了这么多东西！而多数情况下，以人类的注意力宽度和记忆存储的容量来看，大部分想法都在闪现之后持续湮灭在黑暗之中，并不会形成有形之物，同时也因为来自外界持续不断的刺激太多，很少有人能够沉浸在静思之中去回顾之前到底想到了什么，每一天都像是在被生活追撵着一般。

如果你能够在白天找到一段安静独处的时间用于写作，当然是最好不过的。但是很多人琐事缠身，根据现代人的忙碌程度，有效的不被打扰的写作时段可以优先考虑早上刚起床和晚上入睡前。

早起这件事之所以困难，在于我们想要早起"干点正事"：背单词、写作、阅读、晨练……早起本来已经很难了，还要做消耗意志力的事，难上加难，于是大脑和身体都罢工不干了。最后既没有早起，也没有干成正事。如果可以早起去玩，大概还是能注入一丝动力的。但现实是很多小伙伴喜欢熬夜一起玩，能找到和你节律一致一起玩的人大概比较难。

那么早起自由写作，就是一个比较有效的单人游戏。有一种说法叫作"离门最近的一个玩具"，说的是任何一个领域对入门小白来说，都需要找到一个最容易上手的项目，不那么容易把你吓退，只有降低难度才能易于坚持；只有坚持，才有进一步向纵深探索的可能。

早晨刚刚醒来时，是无意识相对比较活跃，日间的噪声尚未全面铺展开来的时段。这是记录梦的最佳时刻，瑞士心理学家荣格记录自己的梦境，形成《红书》的前身《黑书》，成为人类探索无意识的经典之作。这其中当然有他在心理学领域精深的造诣和运用文字及画面描绘自身的能力，但任何一个人的梦境都同样蕴藏着这样瑰丽的宝藏，每个人都通过它们与人类广阔的集体无意识深海相连，写作的源泉正是来源于此。

对梦的记忆也存在着微妙的差别。有的梦毫无痕迹，你甚至不知道自己做没做过；有的梦隐隐留下一些模糊朦胧的感受，却对情节与画面毫无印象；有的梦在刚醒来时似乎还很清晰，但是把早上的杂事搞定之后，就烟消云散了。如果有条件的话，在醒来之后不要起身，甚至不要翻身，保持醒来时的姿势待一会儿，把残留在脑海中的梦境温习一遍，形成新的晨间记忆，然后迅速拿起事先放在床头的纸笔记下它们。之所以在这里不推荐使用手机进行记录，也是因为如果自控力不强的话很容易习惯性去使用其他软件，从而造成新的干扰。当然如果能够确保自己第一时间进行记录的话就无所谓。

除了梦境，日常生活中所见所思所想都可以成为写作的基底，核心就是检视内心浮现的思绪和感觉，用语言去描绘它。同样地，这些第一步已经诞生出来的语言，也可以成为再次创作的基底，那就是"读了我之前写下的文字，又产生了什么想法"。以此类推，生生不息，任何可感知及不可感知的存在都可以尝试去书写，如果受阻，就描写受阻的感觉；如果顺畅，也可以描写顺畅的感觉；不耐烦就写不耐烦，不想写就写不想写。一切皆可写。

也有人喜爱在深夜不被打扰的时段写作，总有一些修仙党"肝"到凌晨而乐此不疲。除了健康方面的考虑，可以根据自己的习惯进行选择。深夜写作和早起写作的差别在于把"写作"这项脑力劳动放在一天的开始还是结束，同样可能会被外力打断的情况下（区别在于是被日间事务打断还是被困倦感打断），深夜写作带有更大的自主性，同时也是表层意识在经历了一天的信息轰炸后，逐渐沉静与隐退、让无意识得以浮现的过程。很难说究竟哪种阻碍更小，如果排除记录梦境这个功能，随时随地召唤出无意识冲动并记录它，未尝不是一项值得称颂的技能。

2. 自由写作的基本步骤

当你为自己制造出一个可以写作的环境，那么就从尝试觉察脑海中的想法开始。开始的时候可以把注意力集中在呼吸上，然后觉察内心中想法的浮现,这可能包括你的思考、情绪、身体感受、浮现的意象或画面……任何东西。

(1)识别。无论浮现出的是什么,或感受到怎样的情绪,令你喜悦的还是令你痛苦的,尝试不去贪恋或者推拒它,而是识别出来,意识到自己在想着什么。如果是强烈的否认指责之声,可能会令人们下意识地选择避开,从而停下正在书写的动作。这令接下来的感受和领悟无从发生,所以,下一次又面临这种状况时,要第一时间识别出它,而不是"从痛苦中逃走",它可能发生在卡壳或者明明有时间有条件却难以开始的那些时刻。

(2)观想。当你识别出了这样的时刻,先在这样的感觉中待一会儿,不要急着用行动逃到那些让人忘记痛苦感受的事情中去(比如放弃写作,转而去玩手机看电视等),看看自己的身体有怎样的感觉,呼吸和心跳发生了怎样的变化,脑海中浮现出了什么内在言语,被什么样的情绪所席卷……

(3)书写。检视上面的体验之后,无论你本来打算写的是什么,都先停下来,先把观想和体验到的东西写下来。丰沛的创造力很可能不是线性的,所以在哪里断一下也不要紧,最终还是会由你这双创世神一般的双手将它们缝合至一处,而从这种"先从手头正在忙的事情跳出来一下,以疏导自己的情绪为优先"的态度,正是精神分析式的"照料",书写者作为一个成人,提供接纳、允许和宽容的态度,经由文字这个载体,完成对自己内在小孩的照顾,这个部分本身就会形成滋养的闭环。

上面这三步过程,基本可以构成一个自由写作时刻的微小回环。写作的困难之一,在于每次开头的启动都非常艰难,而如果能够顺利度过开始爬坡的阶段,后面似乎又可以凭借惯性写出很多文字。所以,在做到对这个三部曲了然于胸的基础上,可以尝试使用你所喜爱的方式来启动"从未写到开始写"这个跨越的过程,其中音乐就是一个很好的调动情绪的方式。

关于写作时要不要听歌这件事,众说纷纭,因人而异。实际上语言确实有一种潜在的节奏感,可能对于一些人来说,这种"内化的韵律"更加宝贵,不可以被另一种节奏破坏和打乱。但也有一些人更容易被旋律调动和唤起情绪,从而使书写变得更加丰富和无阻碍。是否要使用这种方法,注意遵循以下两个原则即可:

一是音乐会不会事实上造成分心和打扰。无论是破坏节奏感、让人不断停下手头的写作切换出去看歌词评论、吸引注意力、觉得吵……都可以随时停止。反之,如果干扰没有那么大,或者尚且在舒适和可被接受的范围内,完全可以随性使用,或者交叉使用(播一会儿停一会儿)。

二是根据自己的喜好和口味选择音乐类型。目前很多在线音乐平台都有根据用户播放习惯推荐类似歌曲的功能,或者直接添加一个同类型音乐的歌单。笔者的经验是尽量不选母语歌曲(避免歌词语义进入脑海分散注意力),而是更倾向于选择外语以及无歌词的纯音乐。当然,如果你非常熟悉某种外语,像母语一样能瞬间反应出语义的,也不推荐;偏叙说类的配乐朗诵、情节密集的音乐剧选段,视情况选择。

整个过程如同女巫将不同的材料倒入一个大罐子并搅拌冒泡,将这些情感、色彩与旋律编织进文字,充满冒险精神地期待会生成什么吧。对文字抱有信念感,相信持续的书写终会带领自己驶向彼岸世界，无论此刻诞生于笔下的是怎样朴实无华的文字，也不自惭形秽，只是如实地表达和吐露，就已经完成了踏上路途的第一步。

3. 针对文本的心理动力学解析

通过文本对心理动力的理解之所以能够帮助人们冲破阻碍，打开心结，核心作用在于它是伴随体验的。只在头脑上"懂得道理"没有用，或者这并不是真懂，一旦面对需要解决的现实问题时就打回原形，这就让"解析"这件事处在一种两难的境地中。

一来完全不解析可能会无法形成量到质的飞跃，始终停留在令人应接不暇的直觉反应或者铺陈事实的行为之中；二来罔顾感受全凭理性的解析又无法触碰人类内心深处的体验，令语言干枯。

在精神分析心理咨询中，这两者是同步推进的。来自咨询师和来访者的共同表述是："看上去我也没做什么，但是他/她开始发生改变了"以及"我不知道他/她做了什么，但是我似乎好多了"。奥秘在于"被看见"。

许多压抑来自不被理解和看见，所以这样的愿望与冲动只能重回黑暗的地底。看见愿望不等于要满足愿望，而人们对原始冲动的恐惧会让"看见"这件事变得极其困难。

一个人因为说出自己的梦想而被嘲笑，那么可能下一次他/她会选择缄默，只有内心极其强大的人才能抵御这压力，依然我行我素；但哪怕这是一个暂时没有条件实现的梦想，如果它能够被正视和讨论，这件事本身就对梦想发出者具备疗愈的效果。

一个女孩向她的父母宣布她要养一匹马，而父母在惊吓之余并没有说在公寓中养马是一件多么不可能的事情，而是认真地和她讨论如果要养马需要怎样的条件，她需要筹备多少资金，怎样才能达成那样的条件。女孩兴致勃勃地开始筹划，并真的把自己的零用钱作为启动资金，并开始为了这个小小的梦想而努力。随着女孩一天天长大，开始对新的事物感兴趣，这些存下来的钱被她拿去买变速自行车了。

这就是看到而不满足，但现实中很多人一步跨到"因为结果的不可能，所以中间也都省略了吧"，这会造成来自人际关系的挫败，在当事人的微环境中，仿佛世界上只有他一个人在为之战斗。

这样的事情可能每天都在发生，这也是孤独感的来源，而自由写作提供了这样一种新的可能性，首先让一个人表达出内心所想，然后由这个人自己完成"看见"的功能。这是一颗由内打破的蛋，它当然可能受到认知边界的限制，但生命与创造都这样诞生，所以会孵化出可以飞翔的鸟；而从外边打破的蛋则会被吃掉。它隐喻了哪怕这种解析是由他人（咨询师）发出的，依然需要呼应来访者内心的某些部分，这令成长和领悟成为可能。

当一位来访者向她的咨询师抱怨，育儿占去了她过多的时间，耽误她成为一位优秀的心理学家的时候，她的咨询师说，优秀的心理学家往往都是从育儿中诞生的。当这样的解释发生在咨询中，就形成了一个锚定点，为原本被看作是负面的事情提供了新的视角；而如果这样的过程发生在不间断的自由写作中，书写者也许会在旷野中绕很久的圈，才能触动某个顿悟的时刻，福至心灵，达成顿悟。无论哪种方式，都以内心逐渐满溢的体验为基底，并不是"别人告诉你的"就一定会加速这一过程，它就如同咨询中的相遇时刻一样可遇而不可求，但它的可能性一直悬挂在书写者内心澄明的天空之上，令这个探索的过程充满吸引力。

他人的视角、自己写下的文字、现实中发生的事件、某段旋律、某个气味或画面……所有的一切都为写作提供了素材，也为写作的升华提供了"扳机"，解析能够抽丝剥茧地完成你所在的这一阶段的议题，同时也会产生新的议题，那时候你就可以从这一高度毕业，向下一个台阶进发了。当然，台阶的比喻不过是为了形象好懂，真实的样子可能是人的内心并不存在这样泾渭分明的影像，而是一个阶段咬合渗透着另一个阶段，以无规则的形状攀升着。属于某个人独特的内心图景，恰恰可以经由这样的文字来进行描画，令一个人能够更加看清自身。

体验、体验，自由写作经由一个字一个字的流淌，伴随书写者完成这个体验逐渐堆叠的过程，解析的答案也许深藏在荒野的某个角落，在因缘成熟之际与书写者相遇，答案本身也会成为踏脚石，而在那之前你只是无力看到它，以及它身后开启的崭新世界而已。

三、语言之外的语言

语言本身虽然丰富，但依然有其局限性。哪怕写作者可以自如地运用语言，依然无法涵盖这辽阔世界的全部，那些没有被有形的语言填满的部分，既是发挥创造力的空间，也是其他表达形式绽放光芒之处。无论是哪种形式，都指向对压抑的解除，无限接近真相的过程。

人类被囚禁于有限的肉身之中，无法直接读取别人的想法，只能靠语言这种看似笨拙又容易误解的方式进行交流，其实也别无他法。虽然这种方法并不究竟，但起码它为我们提供了脚手架，而并非一切不可言说。人和语言不是一分为二的对立，人的主体性借由语言而得以构筑,即使死亡也无法让人摆脱语言的缠绕。从这个角度上看,所有试图运用语言来了解自身的努力,都是向这种虚空发出的挑战。

可以这样说,自由写作是一种贯彻了以上这些理解的生活哲学,也是以有限拥抱无限的身体力行,你可能并不知晓那些思想史上巨匠的所有理论,但只要你在潜移默化中践行它,你依然是他们的弟子。

里尔克说:"不能计算时间,年月都无效,就是十年有时也等于虚无。艺术家是:不算,不数;像树木似的成熟,不勉强挤它的汁液,满怀信心地立在春日的暴风雨中,也不担心后边没有夏天来到。夏天终归是会来的。但它只向着忍耐的人们走来;他们在这里,好像永恒总在他们面前,无忧无虑地寂静而广大。"

开始写吧。

家庭关系篇

家庭韧性：从灾难和困境中复原及超越

李 航 谭钧文

任何人或地方都无法免受灾难、困境以及与其相关的损失或丧失。不管是自然灾害，如地震、海啸、泥石流、洪水，还是战争、恐怖主义行为，抑或是像新冠肺炎这样的瘟疫暴发，都给整个社会、家庭和个体带来了无法估量的伤害。有的人失去了家园，有的人再也没有从那个冬天醒来，有的人正经历着身体的痛苦，有的人正备受心理的煎熬。相比这些无法预料、难以控制的大型灾害，一些生活的变迁，如移民、迁徙、分居；或是长期处于多重压力，如疾病、残疾、失业、经济困难；或是关系困难，如夫妻之间、家庭成员之间、亲子之间的冲突；抑或是人生发展上出现了偏差和障碍，比如青少年出现各种身心问题、辍学等，都给个体和家庭带来很大的影响。

这些灾难和困境给人们的生存、生活、工作等带来了巨大的挑战，如何挺过这样的困难时期，并得以复原甚至超越，家庭给我们提供了一个可靠的、安全的、支持的堡垒和基础。因此，这部分内容将会围绕着家庭，尤其是家庭中的积极因素——韧性，来探讨如何面对灾难和困境，家庭及成员如何利用并发挥这种接受困境并战胜困境的能力来共渡难关并促进家庭进一步发展。

一、家庭韧性的内涵

（一）家庭韧性的含义

家庭韧性（Family resilience）亦称家庭抗逆力、家庭复原力、家庭弹性等。韧性是从逆境中复原，并变得更加强大和善于利用资源的能力。家庭韧性可被认为是一个家庭在面临重大压力或处于困境时的一种应对与适应的动态过程。家庭韧性以家庭中每个人的韧性为基础。如果我们把个体韧性比作是一个人在与困境对抗时的能力，就像在拔河一般，那家庭韧性就是家庭内的几个人一起来参与拔河，这里面每个人的力量多少，大家使劲儿的方向是分散的还是齐心协力，成员之间是否有人甚至会放弃或帮倒忙，这些都会影响一个家庭在面对困难时的处境。因此，家庭韧性可以被看作是一个家庭的保护因子和复原力因子，建立家庭成员间的合作坚韧关系是促进家庭韧性的核心。

然而，家庭韧性也会对家庭中的个体有影响，当遇到压力的时候，家庭如何去处理破坏性的经验，降低压力带来的负面影响，如何有效地整合家庭的力量继续生活下去，这不仅影响家庭的整体生存，也会影响家庭中每位成员当时的适应和未来长期的调适，积极的经验也会产生跨代的影响，家族的苦难经验与传奇故事将会代代流传。

（二）家庭韧性的过程

韧性是个人、家庭与外在环境互动的历程，当家庭在面对压力时，势必会在一系列互动的过程中得到复原。根据美国芝加哥大学沃尔什（Walsh）教授提出的家庭韧性过程模型（见表1），家庭韧性包括三个主要系统，每个系统又包含一些关键的过程：

1. **家庭信念系统**（Family Belief Systems, FBS）——韧性的核心与灵魂

信念系统是家庭良好运转的核心，是家庭韧性中的强大力量。家庭如何看待他们的问题和困境，这将使他们获得不一样的结果，是丧失功能、产生绝望，还是能够从容应对或处在掌控中。信念和行动往往互相交织在一起，我们的行为及结果也可以强化和改变信念。在家庭系统中，家庭成员共享着某些信念，这些共同的信念形成了家庭的规范和认同。一些关键的占主导地位的信念对家庭作为一个功能单元应对逆境影响巨大。在家庭信念系统中包含着赋予困境意义、正面展望、超越性和灵性。

2. **家庭组织模式**（Family Organizational Patterns, FOP）——关系和结构支持

家庭具有多种形式和不同的关系网络，为家庭单元和成员的整合和适应提供支持性结构。家庭的组织模式由家庭内部和外部规范所维持，受文化和家庭信念系统影响。这些模式也是建立在家庭共同的期望、习惯保持、个人偏好、相互调和、有效运转之上。为了有效地应对危机和持续的困境，家庭调动和组织他们的资源缓冲压力，并重新适应正在变化的情形。在一个有效运转并能充分发挥功能的家庭组织元素中，关系性韧性是最为突出的，包括：弹性、联结、调动社会与经济资源。

3. **家庭沟通和问题解决过程**(Communication and Problem-solving, CP)——**促进意义产生、互相支持和问题解决**

良好的沟通会使家庭功能和韧性的各个方面都得到促进。当代家庭生活变得异常复杂和充满挑战，在危机、巨大转变或长期压力下，沟通更有可能中断或不畅。沟通涉及信念传递、信息交换、情感表达和解决问题的过程。在家庭内部，成员之间、父母与子女之间的差异可能是普遍的、巨大的，比如：父母要求公开交流的行为可能被青少年视为窥探和侵入。哪些信息或情感是适合在家庭中分享，如何分享，与谁共享以及在何种情况下共享，各个家庭的差异很大。但是，清楚明晰的沟通信息、坦诚的情感分享、合作解决问题是家庭运转良好和发展韧性、从容应对危机和困境的关键过程。

表1：家庭韧性的关键过程（沃尔什，2015）

家庭信念系统	赋予困境意义	从关系的视角看待韧性而不是"坚强的个人"
		使苦恼正常化、情境化：在不利的情境下，这都是要共同经历的、是可以理解的
		统合感：将危机视为共同的、有意义的、可理解的、可控的挑战
		促进性评价：解释性归因，未来预期
	正面展望	充满希望、乐观、有信心攻克难关
		鼓励：肯定优点，发挥潜力
		积极主动且坚韧不拔（"我一定能做到"的信念）
		掌控可能的部分，接受不能改变的部分，容忍不确定性
	超越性与灵性	更大的价值、目的、未来的目标和梦想
		灵性：信念、冥想练习、团体、与自然连接
		鼓舞人心的方法：想象新的可能性、愿望、创造性地表达、社会行动
		转化：从逆境中学习、改变、积极成长

（续表）

家庭组织模式	弹性	从失败中恢复、做出适应性改变，迎接新的挑战
		在混乱中重组、重获稳定：延续性、可依赖性、可预测性
		强大的权威式领导：赋予、保护、引导
		多元家庭模式：合作的父母/照顾者团队、家庭
		伴侣/共同照顾者的关系：互相尊重、平等的伙伴
	联结	相互支持、合作和承诺
		尊重个体需求、差异
		寻求新的联结，修复关系中的不满
	调动社会与经济资源	动用亲戚、社会与社区支持、角色模范与生活导师
		建立经济安全基础；平衡工作与家庭的负担
		与更大的系统往来，争取体制和结构性支持
家庭沟通和问题解决过程	清楚明晰的沟通信息	清晰且一致的信息（包括行为和语言）
		澄清模糊信息，寻求真相，开放的情感表达
	坦诚的情感分享	分享痛苦的感受（悲伤、难过、愤怒、恐惧、失望、悔恨）
		分享积极的感受和互动（欣赏、喜爱、开心、幽默、得以喘息）
	合作解决问题	练习创造性的头脑风暴、谋略
		分享决策、修复冲突、谈判、表现公平、对等
		专注于目标、采取具体的措施，从成功中再接再厉、从失败中学习
		从被动变主动：防患于未然，为未来的挑战做好准备

二、如何增强家庭韧性

韧性是一种能力，是可以锻炼的。所有的个体和家庭都有增强韧性的潜能，可以通过鼓励他们尽最大的努力和强化积极过程，来

家庭关系篇　71

让他们的韧性潜能最大化。家庭韧性的取向是一种积极取向,是试图理解所有的家庭在困境中如何生存的,在巨大压力下如何重新振作,关注和肯定家庭具有的自我修复潜能,在危机与挑战中能够获得成长的能力。这里的悖论是,我们都不想遭遇逆境,然而逆境可激活人们出色的表现,唤醒能力,有"绝处逢生"之妙。

(一)增强个体韧性

我们知道,个体韧性是家庭韧性的基础,那么想要加强家庭韧性,就要有意识地加强个体韧性。首先,个体从出生开始,就带着不同的韧性水平来到这个世界,经历了塑造韧性的各种人际关系与生活事件。其次,所有可以缓解个体压力的调节模式都适用于增强韧性。下面从家庭韧性视角提出一些增强个体韧性的建议:

1. 接受面临挑战的事实。面对那些负性的压力和困境,人们的自然反应往往是想要"逃跑"或是选择"战斗"。无论是哪一种反应,人们都需要意识到当前正在发生的事实,调整心身状态,做出必要的改变以应对这个压力情境。最好的情况是能主动把握事态中可能的部分,接受无法改变的部分。

2. 与过往和解。如果在过去的经验中,家庭或家庭成员让个体感到失望并影响了个体弹性,那么弹性与成长需要家庭成员与那些过往进行和解。

3. 为逆境制造意义。认识到人类的有限性、脆弱性,正常化我们在面临痛苦情况下的害怕和悲伤等情绪。能够看清逆境并能对当前处境赋予意义,使得逆境变得可以忍受。

4. 获得控制感。通过多方渠道了解眼前的危机是怎么发生的,有哪些方式可以将危险降到最低,思考未来如何预防,并积极寻求资源，这也会有助于获得可控感。

5. 习得家族经验。多听听家族世代发生的故事，在以往的灾难困苦中，我们的祖辈是如何度过的，在他们的身上有融合着智慧与坚韧的传奇故事，这些故事能让我们学习到经验，找到希望并得以实现。

6. "失败是成功之母"。当失败或错误发生的时候，将其看作是可以促进成长的经验，下次通过努力或者调节目标依然是可以成功的。努力和坚持不懈会让个体获得和保持正向的看法。用这样的视角来看待自己和看待他人都是会有帮助的。

7. 多角度看待问题，寻找多方原因。当我们急切地寻找问题发生的原因的时候，很容易会采用单一视角。比如：有人会单纯地把新冠肺炎出现的原因归咎于武汉人吃野生动物，这样就容易产生较为偏激的归因。现在我们知道疫情暴发有很多因素，比如病毒的变异、气候等。像美国政府将新冠称为"中国病毒"，这就是单一视角，具有污名化倾向。所以，当我们归因的时候要去反思这样的归因是从哪里来的，对我们会产生什么影响。

8. 让幽默与我们同在。在精神分析视角，幽默是高级的防御机制。无论是接触那些用幽默给你带来轻松的人，还是去看一些幽默的电影和综艺影片，接触幽默能够让我们暂时放松肩上的沉重，让自己有一个可以休息的空间，喘一口气，再继续前行。

9. 正面展望。家庭弹性是未来导向的信念，无论处于何种困难，总是会有未来，有光明的。比如：有些伴侣，当发现对方有一些缺陷的时候，认为对方无法改变，会选择放弃关系。显然，这就不是一个正面的展望。保持乐观的态度，共享信心，寻找并肯定自身的优势，强化"自信""自尊"，相信自己可以做到，能够克服。关系中不是没有冲突，而是面临冲突的时候是否能够积极面对和尝试解决冲突。

10. 培养兴趣、建立信仰。寻找自己的兴趣点，为自己的生活做出选择，一方面使生活变得更有活力，同时，努力投身到可以掌控、能够改变的事情上会让我们更有成就感。对家族有信仰，为家庭祈祷，保持正念。以积极正向的人物作为角色榜样和英雄。

11. 保持生活的仪式感。这里的仪式感，指的是让我们心情美好的事和物。比如，收拾出一张整洁的书桌、周末常规的大扫除、节假日出门踏青、庆祝节日和纪念日等，这些都会让我们心有归属感，获得安定的感觉。需要注意的是，这里所说的保持生活的仪式感并不是强迫自己一定要去做什么，做多少事情，如果不能享受到仪式感带来的舒心，则会适得其反。

12. 寻求资源。当我们遇到困难的时候，会不会寻求周围人的帮助？一个良好的社会支持系统能更有利于我们渡过难关。可以充分考虑寻找家庭内部的资源、社交关系的资源、社区的资源乃至社会的资源。

（二）促进家庭合力

我们以沃尔什的家庭韧性的关键过程的三个系统为总体框架来阐述如何促进家庭合力，增强韧性。

1. 增强家庭信念系统

家庭信念系统是家庭的定海神针，如果把家庭比作一套计算机系统，那家庭信念系统就是中央处理器。可以从以下几个方面来增强：

（1）促进共有信念、增进家庭的认同感。

每个家庭都有独特的文化，家庭内在的文化价值观，随着代际不断发展而不断被加强。家庭内可以多谈一谈跨代的家族传奇故事和家族特有的一些风俗和仪式。一家人可以围坐在一起诉说和分享自己原生家庭或家族的故事，不仅诉说家庭的痛苦，也说出关于勇气毅力的故事，即使是痛苦的故事也可以试着找到不同的意义，用希望和积极的叙述来取而代之，从而增进家庭的共有信念和认同感，增进彼此的联结感。

（2）获得控制感觉。

父母与孩子一起了解眼前的危机是怎么发生的，未来如何预防。能够看清逆境并能对当前处境赋予意义，这使得逆境变得可以忍受，回避不谈只能让焦虑蔓延、倍增。影响家庭韧性的原因，可能有家庭代际的或经验上的习得性无助。当家庭充斥着恐惧，对灾难的畏惧会使得人无法思考，停滞不前，甚至抑郁低沉。此时，强调家庭在应对问题时所做的努力，帮助家庭寻求资源会促进掌控感。如果家庭的努力出现偏差或失败的时候，避免相互责备，将失败看成是一次实践经验，思考未来如何调整以更好地实现目标。此时，父母的努力和坚持不懈会影响到孩子，对其未来人生保持正面看法非常有帮助。

（3）多因素归因。

功能良好的家庭认为问题和困难是多种原因造成的；功能不良的家庭热衷于单一的解释，将问题归结于个人或某个群体的错误，因此很容易怪罪他人或者为事件找替罪羊，在家庭内部也很容易将问题归结于家庭中的某个人，或者变成大家的相互指责。这样理解问题，会较难找到适当的解决问题的策略。可以引导家庭思考问题产生的更多可能性。每个成员都要为自己的感受和行为负责。

2. 家庭组织模式

如果把家庭韧性比作弹簧，那或许不是很恰当，但是，当面临的压力不大的时候，个人和家庭不需要重大改变的时候，这个韧性会努力将家庭恢复原状。如果面临重大丧失和危难时，原有的应对方式不再有效，那么就需要建立新的模式，需要重新调整，重新建立新的生活。

（1）确定强有力的领导力。

一般来说，父母是家庭的缔造者，对家庭结构的建立、角色定位以及规则制定起着决定性作用，并以此奠定一个健康家庭的基石。在具有良好功能的家庭里，领导通常都有力而明确，具有权威和责任。如果家中的孩子还没有到可以承担一定责任的年龄，或者还没有承担责任的能力，父母就要承担责任，但同时注意要给孩子选择和承担责任的机会，让孩子们参与一些决定的协商。而功能极度失调的家庭，通常不是太僵化就是太松散，结构要么太过，要么不足。如果由于某些原因，家中父母不具备承担责任的能力，而家中子女已经成年，并可以做重大决定，此时子女就要承担强有力的领导能力，将目前家庭的状况与父母协商，共同做决定并且要共同承担决定可能的后果及责任。

（2）有规律的日常作息有助于保持连贯性和稳定的感觉。

家庭维持有规律的生活能避免感到混乱，父母可以与孩子有愉快的亲子互动，给孩子安排合理的就寝时间，能让大人有休息和喘息的时间。同时，让孩子维持家庭外的有益关系，这也是孩子的社会支持系统的重要组成部分。如果家庭或生活不可避免地发生了变化，就要创造出新的有规律的时间或生活节奏。如果父母分离，离开的父母需要告知孩子大概什么时候可以见面，定期打电话视频交流等，会帮助孩子度过困难的时期。

（3）家庭成员间的相互扶持。

家庭成员彼此忠诚并愿意投入逆境中，有坚定的信心去做出最好的应对。家庭发生困难不是一个人可以解决，在问题面前，家庭成员要清晰分工、通力合作。对家庭的责任感使得我们共同承担，相互支持，相互鼓励。学会倾听，在危机和困境中，人人都因困难感受到压力。在这个时候，家庭内的贬低和相互指责是比较危险的。伴侣双方是平等的伙伴，支持对方好的特质与富有创造力的一面，这样会促进一个交流和解决问题的正向循环。让家庭中的每个成员都参与到帮助家庭的计划当中。避免单个人因为压力过大、任务过于繁重而产生暴躁情绪，使得家庭内部关系分裂，甚至僵化。例如：关于男性，我们会有刻板印象，认为他们是阳刚坚毅的，在重大事情和责任面前要承担更多的责任，这会让男性无法去表达恐惧、脆弱和悲伤，因此可能会增加一些外化的行为问题，比如抽烟、喝酒增多，以及一些冲动和破坏行为等。我们要鼓励家庭成员间分享感受，相互理解，相互慰藉，以提供个体和家庭在压力中的喘息机会。尊重个体隐私和个体差异性。尽可能确保家庭经济稳定，尽量在工作和家庭生活中保持平衡。

（4）寻找社会资源。

在面对危机和处于困境中，不要让自身处于一个孤岛，努力寻求各种支持。充分调动并利用自己家庭内部的资源，以及家庭外部的资源,如:亲戚、朋友、同事等,以及群体、社区、政府乃至整个社会的资源。当然,更好的策略是当危机还没发生的时候,去主动建构社会网络,并提供互相支持和协助。比如:定期参加固定的团体,参加积极和有意义的社交活动。这不仅是让人们在困境中更能获得社会资源,同时也是获得联结感。

3．沟通和问题解决

当家庭面临危机和压力的时候,沟通会遇到阻碍。沟通中包含了很多过程:传递信念、交流信息、表达情感和问题解决。言语和非言语信息都可以传递信息,沉默与退缩也是一种表达。良好的沟通有以下几个技巧:以"我"作为主语来表达自己的所思所感,为自己说话而不是替别人表达,被误解的时候可以去澄清;能够专注和有同理心地倾听他人;促进家庭韧性的沟通要注意表达和回应彼此的需求和顾虑,以协商的方式来进行调整以满足新的状况需求。

(1)清楚明晰地坦诚沟通。

有时候我们会用善意的谎言来保护家人。比如瞒着在异地上大学的孩子关于家里人去世的消息,等孩子假期回来发现已经丧失了亲人,并且没有了常规哀悼的途径,这将会让丧失的处理变得困难。当家庭内部有事情发生的时候,不寻常的紧张气氛会被感知到。尤其是对年龄较小的孩子,家长要鼓励孩子将自己的问题或者疑虑告诉父母,如果孩子看到父母在低声密语,会变得比较紧张、不安和多疑。这时,讲真话是应对危机和寻找解决方法的重要过程。

(2)坦诚地分享情感。

坦诚的情绪表达是情商中重要组成部分,这种能力在人际互动和家庭沟通中会得以提升。功能良好的家庭可以涵容各种各样的情绪。许多研究都发现，如果家庭中洋溢着温暖和相互支持的氛围，父母双方都能表达和感受到爱、欣赏和重视，那么其子女就更容易拥有健康快乐。因此，不要吝啬表达正面的感受，正面的互动对家庭缓解冲突压力有积极作用。不同的家庭成员之间必定有差异的部分，"爱"可以涵容差异，涵容负面情绪，让个体感到安全，愿意分享内心的糟糕感受，放下内心沉重的负担，促进彼此的亲密感。家庭可以通过共同策划某些活动来增进情感，培养合作的力量。

4. 合作解决问题

任何家庭都会遇到压力与困境，如何有效地解决问题变得至关重要。家庭抗逆力主要表现在家庭以合作的方式来处理冲突与解决问题的能力，包括涵容不同意见，面对眼前危机时解决问题的能力。首先，家庭要识别当下的压力源，有时这项任务很容易，比如由于自然灾害和生活重大事件带来的危机是很容易被识别的，但有时家庭内部的矛盾和孩子出现的问题是需要专业人士帮忙一起探寻的。找到问题的症结后，家庭成员共同寻找解决问题的策略，进行头脑风暴并分享，这个过程要保持开放和尊重的态度，对每一个建议都不要第一时间去否定，列举出所有的想法后可以讨论衡量哪些方法是家庭可以共同去尝试的，随后制定具体的一些实施的措施和规则。家庭成员一同做决策并且积极参与其中，成功的经验会给家庭合作以正向反馈，即使失败了还可以从头再来，吸取失败经验，再一同寻求解决方案。

三、结语

人生的旅程像极了登山，这延绵的山川充满了未知和让人措手不及的关卡,并没有一条笔直的通天大道让我们前行,既神秘又刺激。有些人或家庭经历的困难较为平缓,而有些家庭则经受巨大的压力和困苦。当家庭成员一起攀爬的时候,需要照顾到每一个成员,协作闯过难关,必要的时候向外寻求帮助,相信家庭韧性的激发能够让家庭走过艰难险阻,站在平缓的山脊上,感受脚下的路,眺望着远处的美景,享受磨难后带来的平安喜乐。我们也不要忽视的是,人类本就是从危机中一路走来,我们的祖先、我们的传统文化教授了我们很多处理危机的经验。家庭成员之间,家庭与家庭外的协作使我们具有充沛饱满、千金散尽还复来的气魄。

多子女家庭的"苦"与"乐"

迟新丽 黄巧敏

假期是开心、快乐、放松、休息的难得机会,孩子们十分希望每天都是假期,因为在假期里他们可以不用上学、疯狂地玩。尽管大部分家长都选择与孩子们外出旅游度过假期,但是周末的短假期和孩子的功课仍然让家长烦恼。假期里,没有老师的督促,孩子们不愿意做作业了。而对于二胎家庭或多胎家庭的家长而言,除了假期作业外,最让他们烦恼的是孩子之间的冲突。假期里,家长不仅全天候负责孩子们的吃、喝、玩、睡及功课,还操心孩子间的争斗和冲突,这些都使家长筋疲力尽。尽管如此,挑战也使我们成长!

一、多子女家庭的挑战

1. 挑战一:辅导功课

起床后,孩子就开始看电视、玩玩具,就是不写作业;等到孩子愿意写作业的时候,父母就开始了一段血压升高的"特别旅程",原因如下:其一,孩子一边写作业,一边玩手指或玩文具,注意力不集中；其二，喜欢拖拉；其三，很多知识也不会，家长讲解了好几遍、带读好几遍，还是学不会；其四，有时候还发脾气、撕作业本；其五，两个或三个孩子都有功课的时候，总是打小报告，说姐姐/弟弟不认真，或者说姐姐/弟弟不做功课，自己也不做，总喜欢学坏的。辅导功课的两小时里，气得父母破口大骂、拍桌子，心跳加速、血压升高，总是为孩子的前途感到焦虑，这种"常态"是让家长最头疼、最烦恼的。"不辅导功课母慈子孝，一辅导功课鸡飞狗跳"。辅导功课严重影响到亲子关系、双方的身体健康。

2. 挑战二：孩子之间的争吵和冲突

孩子们相处的时间长了，就容易发生争吵。比如，争着与妈妈或爸爸紧挨着坐在一起；争着拉着妈妈或爸爸的手；争抢玩同一个玩具；争抢电视，要看不一样的频道；过生日的时候，吃的菜、蛋糕不同，收到的礼物不同也可能会发生争吵……比如，妈妈买了两件款式相同、颜色不同的衣服，回家后，两姐妹都喜欢同一件衣服，这时，无论妈妈决定把这件衣服给谁，另一个孩子都会觉得委屈和不甘心；如果老二不小心碰到老大的手或脚，老大会觉得是老二欺负他，然后就还手打了老二一下，老二觉得疼，又还手，打架通常是这样演变而来。所有的东西都喜欢争，尤其想取得父母偏爱。如果家长站在哪个孩子那边，都会引发另一个孩子的不满、委屈和愤怒。

3. 挑战三：家务繁多

工作日时，忙于送孩子上学、接放学以及辅导功课，自己也要上班，对于家里的家务做得没那么细致，只能等到周末时大扫除。

假期里，孩子们把家里的玩具全都倒出来玩，也不收拾；有时候，孩子们在家里追逐，在床上玩，被子全被弄到地板上，家里乱糟糟的，刚收拾好的东西瞬间被孩子们摧毁了，收拾了一遍又一遍，家务十分繁重，而孩子们的精力仍然十分旺盛。

二、应对"神兽"，"沉着应战"

假期里，家长们身心都备受煎熬，这也是一种无言的痛苦。著名作家廖一梅曾这样评论痛苦："你如果是个一辈子都快乐无忧的人，那你一定是个肤浅的人。人类就是以痛苦的方式成长的，生命中能够帮助你成长的，大多是痛苦的事情。"在这个过程中，我们也悄无声息地成长着，比如，我们想到了应对"神兽"的方法。首先，需要调整自己。我们在养育孩子过程当中，体验到当父母的无奈和压力，我们应该多关怀自己，调适自己。其次，培养队友，队友就是我们的配偶，让他/她在此时此刻成为我们的"战友"或者"盟友"。再次，锻炼孩子，在这个过程当中，父母无暇照看孩子时，孩子逐渐学会了自己玩玩具、自己吃饭、自己寻找乐趣。最后，在二胎或者多子女家庭中，如何调节"手足之争"，这是很多家长关心的。

1. 调适自己

调适自己就是调整自己的情绪，调适自己的心情，最重要的是读懂情绪和处理情绪。如果不懂情绪，就会被负面情绪所困扰，久而久之会影响自己和家人的身心健康。自疫情开始后，大家都觉得自己变得浮躁了，如果这些情绪无法消化，那么它们就有可能被放大，从而使朝夕相处的家人受伤。当然，情绪调节的目标不是没有情绪，更不是一定要调节到积极情绪。如果每天都开开心心，有些人会觉得很难做到。因此，当前疫情所引起的情绪是正常的，这些情绪不都是负面的，甚至是有意义的！

第一步：读懂自己的情绪

焦虑，主要指以生理性紧张的躯体症状和以对未来担忧为主的负面情绪状态。也许焦虑会影响到人们的正常生活，但焦虑会让你行动起来，想办法及时获得信息和各种资源，掌握了信息和资源能够使人了解事情的发生、发展，感觉自己特别有底气。俗话说：焦虑止于行动。举一个例子，为孩子制订一个学习计划和目标，每天按照计划学习，考试前努力复习，只要考试分数及格就可以，这样焦虑程度就会减轻。

愤怒，就是生气。愤怒的背后是脆弱感，但愤怒也有助于让你感觉到力量。比如，孩子哭会让你很烦躁，我们可能就会大声吼孩子，吼完，我们就感觉到有力量了，其实我们愤怒的背后是一种脆弱，脆弱就表示我们没办法安抚孩子。

抑郁，是一种影响到生活、学习各方面的情绪低落、厌恶活动的状态。其实抑郁也是一种能量节省的模式，避免能量的消耗，同时有助于进行反思。抑郁的人通常就是不够自信，每天都自问是不是做得不好，对自己的要求太严格，这能使我们反思自己。当然，严重的抑郁会严重影响到个体的身心健康。

内疚，有助于增加对他人的认同和关怀，比如，女性当了妈妈以后就成了内疚高手，如果感觉自己对孩子的陪伴不够，就会觉得内疚；如果对大宝和二宝的陪伴或对待没有达到平衡，也觉得内疚；如果白天猛烈地吼了娃，晚上就会反思自己，觉得很后悔很内疚。

怀疑,有助于检查自己的身体和环境,进行自问反思。

通过以上的分析,了解了每种情绪都是有一定意义的,所以情绪对我们来说没有好坏之分。

第二步:如何处理情绪

读懂情绪后,如何处理情绪呢?一共有6个方法,可以尝试练习:

(1)注意出现的情绪,并为情绪命名。比如,此时,我很愤怒,我很悲伤,我很焦虑,学会管理自己的情绪,家长情绪的好坏直接影响与孩子的相处,以及孩子情绪的发展。家长可以通过转移注意力,甚至去吃喝一顿等方式缓解压力和情绪。

(2)与自己的感受或情绪待在一起,有些人能够跟情绪待很长时间,还能够在这个过程中反思,但有些人就不太行,因人而异。

(3)在情绪中放松,可以反复做一下深呼吸,注意感受的变化。

(4)写下你的感受,就像写日记一样。

(5)活动你的身体,可以通过跑步、舞蹈、瑜伽处理身体的能量,哪怕是跟你的孩子进行一个枕头大战,也是处理身体能量的一个活动。

那我们如何调适自己的焦虑?如今,城市的生活节奏特别快,容易让人产生焦虑的情绪,焦虑到一定程度就可能开始抑郁,这是非常普遍的现象。我们可以通过盒子呼吸法缓解焦虑感,吐气4秒——闭气4秒(闭气就是屏住呼吸)——吸气4秒——闭气4秒,这一过程持续5分钟。

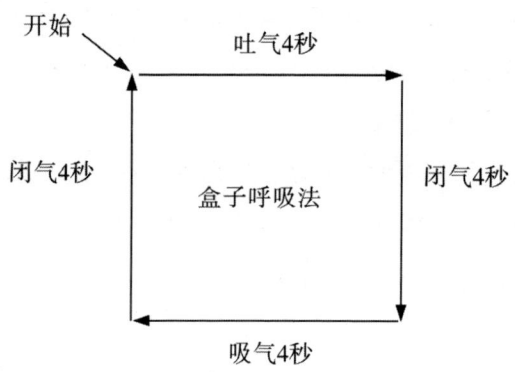

当然，减轻焦虑的方法还有很多，比如现在很多人喜欢的冥想和正念训练，这都是关于呼吸的。一个人不开心的时候，或者用现在的话说"很丧"时，可能会叹气，把气呼出来了。叹气也是排解自己焦虑、压力的一种方法。

除了盒子呼吸法外，缓解焦虑最重要的一点是行动！焦虑的时候，可以问自己几个问题：

①我现在很在乎的是什么？
②我想看到的进展是什么？
③我可以做些什么才能实现这样的进展？
④我现在可以做哪些事情？动手去做吧！

举一个例子，有位妈妈曾经告诉我，这段时间她很在乎的是，没有保姆在家，自己会不会照顾孩子。她不怎么做饭，她担心她的两个孩子在亲爸亲妈的精心养育下日渐消瘦，她很在乎这点，最起码，孩子不要瘦下去。那她想看到的进展是什么？她只想两个孩子不要太瘦。她可以做的有哪些呢？她需要改善伙食，每天做一些他们喜欢吃的饭菜。她家大宝是重口味的，如果随便把鸡翅煮了，孩子觉得没味道；如果把鸡翅卤了，他就吃了。因此，知道自己需要做什么事情的时候，就动手去做，这样，焦虑就逐渐消失了。

2. 培养"猪队友"

现在很流行把配偶叫云配偶（比喻配偶经常不在家）。假期开始后，云配偶也终于落地了。好几个朋友跟我说，他们在这个过程中主要的挑战是"猪队友"，如果家有队友不给力的话，我们就又多养了一个儿子。所以，要培养队友。

分工合作，要跟配偶说清楚他可以干什么，合理地安排时间。当配偶负责带孩子时，自己就可以做点家务；当自己辅导功课时，配偶要帮忙做点家务，慢慢调整就达到一个相对的"战时"平衡。

我们不要太抱怨配偶，可以告诉对方，他需要做什么，说话语气要温和，比如："你今天可不可以拖地？""你可以帮忙把衣服晾一下吗？"同时需要夸奖对方，如："你这衣服晾得真不错！棒棒哒！"只要我们的生活达到一个健康的、稍微舒适的状态就好，不要有太高的要求，只要配偶能帮忙做点家务，我们睁一只眼闭一只眼即可。

可以和"志同道合"的朋友建立一个"吐槽群"，我们可以在群里"吐槽"，这是非常符合团体心理辅导的方式，吐槽完就会发现，其实自己的另一半也没那么差，吐槽完就舒服了。此外，这个"吐槽群"还有分享育儿经、辅导功课经验的功能。

3. 锻炼孩子

其实，家里有两个或两个以上的孩子，很多事情真的无法做到很细致，所以你就要锻炼孩子。在这段时间，大人从围着"孩子转"到"放开手";孩子从自己伸手要到自己动手,自己去拿,自己去做。举一些例子,有一个朋友就是这种情况,他们家在孩子不能出门、没有辅导班可上,又没有老人或保姆照看的情况下,自己要做饭、搞卫生,无法照顾小孩,只能让孩子自己玩,结果发现,孩子学会了自己玩。另一个朋友家的孩子也有一些变化,以前爸妈都是用动画片等诱惑他吃,但现在他自己抓着吃。有一天妈妈赖床,爸爸就起床给他做了一点面条,把孩子放在儿童座椅里,妈妈起来后看他吃得满脸都是,把一碗面条吃完了,自己还抓了一个鸡蛋吃,妈妈顿时感觉到好惊讶!他怎么做到自己吃饭的?还有她家大宝,大宝喜欢吃冰淇淋,自己在妈妈的手机上查到了制作冰淇淋的小模子,乞求妈妈买给他。买了之后,他就自己在父母不知道的情况下做了三种口味:一个巧克力口味,一个酸奶口味,一个橙子口味,当他拿出来分享的时候,朋友才知道他真的做好了这三种口味的冰淇淋,都觉得很惊讶。

孩子上小学后,可以逐渐让孩子参与到做家务的分工中,比如,孩子可以学习淘米、晾衣服、叠衣服、扫地、收拾玩具等轻松简单的家务,只要孩子多做几次,就能熟练、轻松应对。尤其是孩子的玩具,家长要训练孩子自己收拾玩具,如果不收拾就不买,或者扔掉,让孩子学会爱护自己的东西,养成良好习惯。

读书学习固然重要,但是生活技能也要学习,现在"高分低能"的孩子特别多,父母包办一切,孩子只需要学习,因此就出现了孩子上大学了都不会洗衣服,每次都是把脏衣服拿回家让父母洗。缺乏生活技能,孩子长大了只能是"巨婴"。

4. 放宽心态，降低要求

两个或几个孩子一起写作业，总是会相互偷看，产生摩擦，或相互影响，导致学习效果差、效率低，因此，最好把孩子分开做作业。

在辅导功课时，家长切勿大怒，责骂孩子，这样的举动只会让孩子更害怕学习、讨厌学习、抗拒学习。每个孩子都是独一无二的，都有自己的特点和闪光点，不必拿自己的孩子跟别人家的孩子相比，或者孩子之间相比。学习对于孩子的前途来说固然重要，但学习不是一蹴而就的，都是需要积累的，小学阶段，最主要的是培养孩子的学习兴趣和学习习惯。兴趣是最好的老师，家长要尽量让孩子快乐学习、爱上学习，比如，家长在辅导孩子功课时，可以与孩子分角色、分段落朗读课文，而不是强迫孩子读书，与孩子一起学习，更能使孩子开心学习。此外，孩子有进步，家长要多称赞和鼓励。第三，和孩子商定一个目标，考试成绩不能低于多少分，但是也不要定太高的目标，降低要求，慢慢进步，才能使孩子感受到努力就会进步，他们才会明白只有通过努力和坚持，才能取得进步。让孩子学会坚持、努力，比考取满分更为重要。

三、应对"手足"之争

1. 持久战

很多人可能会问，孩子间老是打架、抢东西，怎么办呢？首先，家长要明白的是"手足"间的斗争或者冲突是持久的，不能说多解决一次矛盾、两次矛盾，孩子之间就不会发生冲突了，冲突是一直都存在的，大部分关系好的同胞手足都经历过冲突和争吵。家里有多个孩子的父母应该要放宽心态，等孩子成人后，他们可能会通过理性来占据感性的部分。

2. "争斗"是一种成长

争斗其实是一种交流方式，只要不弄伤就行。孩子在斗争中也许会暂时生对方的气，但他们也会通过斗争慢慢了解对方的性格，了解对方喜欢或在乎的东西，争斗反而会促进孩子间的感情，即所谓"相爱相杀"。儿童早期教育学者特维克·史密斯教授认为："只有卷入争端，孩子才能学习如何解决争端；只有先被大家排斥，才能学会如何加入集体游戏；只有在游戏中遭遇拒绝，才能学会如何让自己更有说服力。"如果父母过早干预孩子间的争斗，孩子就丧失这些学习机会了。我们这一年代的人都有兄弟姐妹，我们小时候也经常与兄弟姐妹争吵，但这丝毫不会影响我们之间的情谊，经常吵架恰恰表明了我们相亲相爱，具有安全感。孩子与朋友争吵可能会担心、害怕失去一个朋友，但是兄弟姐妹不会因为争吵离我们而去，这是血缘关系带给我们的安全感。

3. 告诉大宝，因为你的美好，才让我们想再要一个孩子

二胎政策全面开放后，越来越多的家庭选择了"四口之家"模式。随着新生命的诞生，二胎家庭也遇到了更大挑战，比如，有些孩子就会感觉弟弟、妹妹的出现，使得父母对自己的关注和爱变少了，他们从内心里不接纳二宝。此时你可以告诉大宝：因为你的美好才让我们想再要一个孩子。但是有些孩子比较机灵，觉得不是因为自己才生弟弟、妹妹的，有些孩子反应却不一样，因人而异。

4. 二宝出生时，同时准备一份礼物给大宝

家长在怀孕期间需要给大宝做好心理建设，最好可以让大宝参

与到胎教的过程中,如与父母一起给二宝讲故事、唱歌,抚摸妈妈肚子里的二宝,给二宝说晚安等,在二宝出生时准备一份礼物给大宝,告诉大宝:因为你跟妈妈一起陪伴二宝,等待二宝的诞生,并在这过程中付出了很多,你是一个有责任、有担当的哥哥/姐姐,因此在这么重要的日子里,我们想跟你一起分享,感谢你的付出,你和弟弟/妹妹都是妈妈最爱的宝贝。同时也让大宝知道,并不会因为弟弟/妹妹的出现,就会忽略他/她,我们依然爱他/她。

5. 父母分别要有与各宝独处的时光

在很多家庭,有了老二或者老三以后,小的孩子很需要妈妈,所以很多母亲都把时间花在了二宝的身上,这时大宝就感觉到很难过、被冷落。我们家大宝就经常说:"妈妈,我很讨厌弟弟,想把他扔到垃圾桶里去!"如果你带二宝的时间比较多的话,你需要找到一个时间单独跟大宝相处。从目前很多家长的反馈来看,大家都知道大宝的重要性,因此又有一个相反的情况,身边的朋友生了二宝后就把二宝交给阿姨或者老人带,还包括带二宝睡觉,自己继续带着大宝,尤其在周末,因为大宝年龄稍微大一点,可以带出去玩,二宝只能跟保姆或爷爷奶奶待在家里,时间久了,父母反而觉得对二宝有亏欠,感觉二宝只是顺便养育的。我有一个朋友就说,二宝活着就好。当我第一次意识到大宝对二宝开始有极度愤怒的情绪时,我就在想我应该顾全大宝还是顾全二宝。如果在二宝未满1岁的情况下,我想应该要多照顾二宝,这时宝宝对母亲的依赖都比较大。如果大宝年龄达到4岁,他有容忍自己的情绪的能力了,这时可以多顾全二宝。有几次,大宝去上辅导班,我跟他爸爸就单独带老二出来散步,他竟然不自觉地把小手牵上我和他爸爸,这表明二宝需要父母跟他在一起。

6．"这是你们之间的争吵，不是我的，你们自己解决。"

孩子们在一起的时间长了，就容易发生争吵，我们可以对孩子说："这是你们之间的争吵，不是我的，你们自己解决。"其实孩子之间的争吵，一方面是希望得到自己想要的东西，另一方面是想引起父母的注意，希望父母能够站在自己一边，其实就是争宠，无论家长偏向哪一边都是不合适的，家长更不能希望大宝谦让小宝，最好的方式是让他们自己解决。我曾经尝试过，两个孩子在浴室洗澡，争抢某一个玩具，我听到争吵声赶来浴室，他们抢得更凶了，甚至用哭泣来博取同情，我就对他们说："你们自己解决，不关我事。"过了一会儿，两个孩子就不吵了，甚至在浴室里玩起水来！孩子自行解决争吵和冲突有助于提升他们解决问题的能力。

7．分开他们，转移注意力

当然，如果孩子之间的争斗是比较严重的，可以把他们分开，转移他们的注意力，特别当他们厮打在一起时，讲道理已经不管用了，我们也解决不了这两个孩子的冲突时，我们可以把他们抱开，转移注意力并共情他们。在养育孩子过程中，你只有静下心来，才能感受到孩子的好。也许当你正在忙着别的事情时，孩子过来捣乱，或者孩子要求抱抱、陪他读书时，你肯定觉得孩子还挺烦的。其实，仔细思考，假期里没有很多外面的事情忙的情况下，反而能够更加精心地和孩子相处，这段时间也是值得珍惜的。

8．公平对待，不偏爱任何一方

孩子之间发生争抢时，家长不能选择站在任何一方，因为选择站在某一方，那这一方的孩子就以为能得到父母的撑腰，很可能会继续"恃强凌弱",这间接地强化了孩子之间的竞争。而没有得到父母支持的另一方,就会觉得委屈、难受,觉得父母不爱他,这会对孩子的心理造成伤害。比如,当两个孩子争抢一个玩具时,可以把玩具拿走,等到可以一起玩这个玩具的时候,才能把玩具还给他们。当然,买玩具的时候最好是分开的,每人都管好自己的玩具,如果想玩别人的玩具,需要得到对方的同意;当两个孩子都喜欢同一件衣服时,家长可以买两件一样的,每人一件,做到公平对待。

9. 鼓励相亲相爱的行为

尽管孩子之间经常争吵,但是也有相互谦让、开心玩耍的快乐时光。每当孩子出现谦让、照顾另一方时,家长要及时称赞和鼓励。比如,老大给老二拿玩具,家长称赞了老大,这种及时的鼓励和称赞能强化他们之间相亲相爱的互动行为,老大得到称赞后会继续实施类似的行为,以获得父母的表扬,老二也能感受到这种关心、关爱,并注意到老大的示范行为和家长的正面评价,从而也学会关心和谦让。

四、珍惜与收获

1. 专属时间陪伴家人

我相信很多人都会有这样的一个感受:平时工作太忙了,没时间陪伴家人,只能趁着假期陪伴家人,自己慢慢地也很享受和家人在一起了。我的朋友也说他们家的孩子笑容特别好,兄弟姐妹有时候也玩得特别开心,这就是兄弟姐妹之间的一些情谊。

2. 珍惜当下

珍惜当下,受益匪浅!几个朋友跟我说,趁假期时多回家里看看老人，珍惜和家人相处的日子，可能在这个过程中也遇到了一些矛盾，正好趁这个时间把矛盾打开、化解，然后聊聊天或者一起做饭。我发现在这段不忙于往前赶的日子中，反而容易回忆小时候的事情，想起妈妈做的饭，我也做给我孩子吃，孩子就说有妈妈的味道，所以，你不一定要全都会做妈妈那几道菜，但妈妈的味道是他一辈子的回忆，就像我现在一直记住我妈妈做的饭的味道。

孩子很快就会长大，上班之后，陪伴孩子的时间可能就变少了，再不好好珍惜陪伴孩子的日子，我们就错过了他们的成长。这段日子，无论是快乐的，还是煎熬的，都值得我们珍惜！

3. 与人为善，广结善缘

自从有了孩子之后，我们就没有了自己的个人生活，我们把时间和精力都给了孩子，初为人父、人母，难免会有措手不及、照顾不周、手忙脚乱的时候，如果在这时收到亲友的关心、支持、帮助，我们会感到温暖与安心。如果孤单一人作战，就会感到心累。这提醒我们，人是群体动物，渴望社交，我们平常要多与朋友、亲人联络感情，与人为善！

五、推荐读物

T. 贝里·布雷泽尔顿著，严艺家译：《读懂二孩心理》，化学工业出版社2018年版。

塞尔玛·弗雷伯格著，江兰译：《魔法岁月：0~6岁孩子的精神世界》，浙江人民出版社2015年版。

我们应如何帮助自己和孩子处理应激反应

黄巧敏　迟新丽

个体在成长过程中，难免会遇到影响个体身心健康的有害刺激，比如环境变化、暴力、父母离异、亲人突然逝世等。当个体无法应对或抵抗时就会出现害怕、恐惧、伤心、无助、焦虑等应激反应；当一个人经历或目睹不可预见的、危害性大的突发事件时，如瘟疫、地震、洪灾、火灾、重大交通事故等，通常都会出现应激反应，情况严重时可能会出现创伤后应激障碍。阅历丰富的成人都很难从容应对突发事件，更何况是儿童。儿童是突发事件、危机事件的易感人群，他们的心智尚未成熟，心理健康更容易受到威胁，他们无法应对各种刺激和突发事件，如果不及时处理孩子的应激反应，将对孩子身心健康造成极大的伤害，甚至影响孩子成年后的心理健康和正常生活。如果家长未能处理好自己的应激反应，自己的情绪和应激反应也会传染给孩子，导致孩子出现应激反应，因此，父母及时识别和处理自己和孩子的应激反应，对孩子的身心健康起着重要作用。

1. 什么是应激？

应激（stress）是指个体感知到威胁性压力或刺激（也称应激源）超出其应对能力的状态。应激反应是指个体遇到应激源或压力时，身体的防御系统就会自动启动，进入高度紧张的状态，应激反应是保护自己的反应和状态。生活中的很多事件都可能成为应激源：一是自然灾害，如地震、洪灾、火灾等；二是社会环境，如战争、暴乱、瘟疫、暴力事件等；三是家庭环境，如父母离异、冲突、家暴、失恋等；四是工作和学习环境，比如同学打架、升学、辞退、人际关系等。这些应激源可能具有不可预见性、威胁性、危害自己或他人的特点。由于每个人的接受能力、所处环境和经历都不同，因此，不同的人对相同的刺激或事件所产生的应激反应也可能不同，比如，有的孩子第一次上幼儿园时会害怕、哭泣，而有的孩子则不害怕，甚至喜欢在幼儿园和其他小朋友一起玩。

有时候，应激源消失后，我们远离危险了，应激反应就会消失，身心就会恢复正常。比如，孩子第一次上幼儿园会哭、闹，这是因为幼儿园的环境和家里十分不一样，幼儿园里面都是陌生人，父母不能陪伴自己，因此，孩子会觉得没有安全感，十分害怕，孩子会启动自我保护模式，就是哭；当与父母离开幼儿园（应激源消失），孩子就会慢慢恢复正常，不再哭闹。但有时候，应激源消失后，应激反应也没有消除，比如目睹亲人在地震中去世，当事人会经常回忆起地震的场景，无法接受亲人逝世的事实，严重者会产生创伤后应激障碍。

应激障碍也叫应激相关障碍，是指个体在心理和生理上无法有效应对各种突发事件、创伤事件时，对当事人生理和心理所产生的影响，包括急性应激障碍、创伤后应激障碍、适应性障碍。

急性应激障碍是个体在亲历、目击或面临一个对自己或他人具有死亡威胁、严重伤害的创伤事件后的数分钟至4周内所表现的应激反应。急性应激障碍的刺激强度大、时间短，主要的表现有语言紊乱、意识模糊，情绪的反应较大，比如恐惧、悲伤等。

创伤后应激障碍（PTSD）是指突发性、威胁性或灾难性生活事件导致个体延迟出现和长期持续存在的精神障碍。一般在事情数月后发病，并持续较长时间。

适应性障碍是指遇到应激性事件一个月出现适应不良性障碍和社会功能受损，比如社交障碍、焦虑、抑郁等。

2. 应激反应有哪些？

第一，一般应激反应。

一般而言，当遇到应激事件时，个体的生理和心理都会产生应激反应。生理反应表现为皮质醇水平上升、血压上升、血糖升高、心率和呼吸加快、肌肉收缩等，身体上的这些反应能使身体的细胞迅速集合起来，专注力提高，能使我们在关键时刻战斗或逃跑；心理反应通常是情绪反应，比如焦虑、抑郁、忧愁、恐惧、暴躁、控制不住哭泣、茫然等，有回避现象，比如害怕见人、退缩等；行为反应通常表现为攻击行为、破坏行为，如打人、摔东西，疫情期间可能会不断洗手、消毒；认知反应通常表现为注意力差、判断力差、记忆力衰退。应激反应的出现就是引起自己和身边人的注意，并提醒我们需要寻求保护或调整。

有时候孩子无法表达自己的感受，但其行为可能与往常有所不同，家长可以通过以下六个症状来判断和识别：

（1）失眠或难以入眠

当人遇到应激事件时，通常都难以入眠，每当闭上眼睛时，脑海里就出现那些画面，越不去想起，越会不自觉想起，导致无法入眠，这种现象称为记忆的闪回。我记得我10岁那年的夏天，我听奶奶讲邻村有一个不太正常的男子从一座无护栏的桥跳下去了，桥面离河面有七八米高，河水很浅，刚没过河里的石头，河里的石头很多，每次我过这座桥时都小心翼翼，走在中间，有时还不敢往下看。奶奶说，这名男子跳下去后就死了，血肉模糊，连脑浆都迸出来了。每到晚上关灯睡觉时，闭上眼睛我就想起男子跳河身亡的画面，久久不能入睡，这种状态几乎持续了一个月。尽管我没有目睹这一切，但是这个画面太真实了，就像是亲眼看见那样。

（2）不敢自己一个人睡，半夜惊醒

当孩子受到刺激时，可以自己一个人睡觉的孩子突然不敢自己一个睡，还很怕黑，有时候会半夜惊醒。比如上述的案例，我睡着之后，就莫名惊醒，有时候会发现是做梦后惊醒，有时候是没有感觉到有做过梦，只是单纯惊醒，醒来之后又开始想起男子跳河的画面。

（3）情绪失控，出现攻击行为

年幼的儿童可能会突然大哭大闹，需要父母陪伴。稍微大一点的儿童可能会出现焦虑、抑郁等内向问题，比如自己偷偷哭泣，总是乱想。举一个例子，我七八岁的时候，爸爸妈妈在我面前吵架，相互指责，我十分害怕，过后，妈妈问我，如果爸妈离婚，我想跟谁一起生活。那段时间，我每想起这件事都会偷偷哭，感觉到"心痛"。也可能会出现攻击行为，比如突然变得喜欢摔东西、打架、踢门等。

（4）行为退化

年幼的儿童有可能会出现行为退化的现象，已经学会上厕所的孩子，在人有三急的时候突然不会上厕所，任由尿裤子，晚上睡觉也会尿床；有的孩子可能会害怕上厕所；说话结巴，没有自信；目光呆滞，不像平常那样活泼好动。

（5）容易受到惊吓，并联想到可怕的事情

孩子在受到较严重的刺激时，短时间内会容易受到惊吓，一点响声都能听到，并且十分敏感，有时候通过这些响声联想到一些可怕的事情。比如，在我八九岁时，有小偷曾经进来我家偷东西，我们家睡觉时都没有锁房间门的习惯，因此，后来妹妹半夜听到房间外的客厅有声音，她以为是小偷，害怕得不敢出声，第二天她跟爸爸说了这件事，爸爸说应该是老鼠出来找东西吃，妹妹确实也没有听到走路、翻箱倒柜的声音，只听到窸窸窣窣的声音。尽管是老鼠，妹妹还是会害怕小偷，半夜听到声音也会联想到是不是小偷。

（6）特别黏人，依恋父母

父母是孩子忠实的陪伴者，年幼的儿童都比较依恋父母，当遇到突发事件时，儿童更加依恋父母，需要父母抱抱增加安全感，当父母把孩子放到沙发上，自己去做饭，孩子也会哭着要抱，特别黏着父母，有时候连爷爷奶奶抱都不行。

孩子的行为异常通常是有原因的，当孩子出现以上症状时，父母需要留心注意孩子是否受到刺激或者遇到一些突发事件，尽快找到根源并应对。

第二，创伤后应激障碍的症状。

创伤后应激障碍的症状与一般的应激反应有所不同，PTSD的核心症状有三组：（1）闯入性症状，持续地重新体验到创伤事件，关于创伤事件的时间、地点、人物、场景等经常在脑海中闪过。（2）回避症状，对创伤伴有的刺激做持久的回避，对一般事物的反应显得麻木，有时候可能会选择性忘记创伤事件。（3）警觉性增高症状，表现为难以入睡，或睡得不深，易烦躁或易发怒；难以集中注意力。儿童创伤后的反应通常是出现惧怕、睡眠障碍，对学业缺乏兴趣；退化或行为问题，如爱打架滋事等；身体症状，如头痛、腹痛。

3. 不及时处理应激反应，会产生什么影响？

（1）对自己的不良影响

性格障碍。当事人遭遇到重大突发的创伤事件时，会严重影响当事人的性格，活泼开朗的人也会变得郁郁寡欢，有时候会自言自语；又或者变得暴躁、易怒。临床常见的人格障碍有：冲动型人格障碍、分裂型人格障碍、偏执型人格障碍、强迫型人格障碍、焦虑型人格障碍。

社交障碍。当事人对任何人、任何事都很敏感，很害怕与其他人打交道，回避他人的眼神，喜欢把自己隐藏起来，比如，突然不敢跟同学、小伙伴一起玩耍，当事人认为这种回避的方式能保护自己。

危害生命。经历过突发的创伤事件的人，如果无法承受事件的冲击和影响，尤其是在事件中失去亲人、配偶的当事人，可能会采取轻生的方法来逃避。这种突发性的事件使他们没有跟亲人、配偶告别，对于他们的逝世也没有做好心理准备，因此，当事人一个人活着的时候会觉得很累，觉得生活已经失去了阳光和颜色，没有可以爱的人。如果当事人没有寻求帮助和支持，自己承受不住时可能会采取轻生的手段，用轻生的方式来回避现实。

精神衰弱，身体变差。当事人遇到应激事件时，身体会进入高度紧张的状态，生理的反应会消耗身体的能量，导致身体疲惫，免疫力下降，容易生病；当事人难以入眠、失眠，休息不够，对应激事件的回忆也会使得当事人精神紧张，睡眠不好会影响精神状态、身体健康，进入恶性循环的状态。

影响正常生活。当事人精神恍惚，有时候记忆力和判断力也会变差，经常会忘记自己刚刚做过的事情，比如做饭时忘记已经放盐了、忘记已经给孩子喂过饭了、忘记同事交代的事情。严重者可能无法上班，生活起居也需要有人提醒或者照顾。

（2）对他人的影响

影响自己与家人的关系。我们遇到应激事件时，身心健康都受到影响，难以控制情绪，因此，家人的举动会影响到自己的情绪，自己的情绪也会影响到家人的心情。比如，因为心不在焉，在炒菜时忘了放盐，家人说了一句："你今天有点不正常。"当事人听到后就控制不住情绪，可能会大哭，也可能会发怒，与家人的矛盾增多，伤害到自己和家人。

影响孩子的心理健康。父母的应激反应和情绪会传染给孩子。孩子看到父母焦虑、暴躁、哭泣时，孩子的情绪也会受到影响，感到难过、害怕、忧愁。此外，儿童的心智尚未发育成熟，他们无法自行消化这些负面影响，即使孩子过一段时间后会恢复正常，但是这些负面影响会延续到孩子成年后，影响到孩子成年后的正常生活。

4. 如何处理自己的应激反应？

人是血肉之躯，有七情六欲，成年人遇到突发事件也难以保持冷静、理智，尽管如此，为了我们和家人的身心健康，我们需要尽快意识到自己不妥的情绪和行为，并想办法恢复正常的生活。

（1）找人诉说，与他人建立连接，提升社会支持水平。郭磊等人的研究表明，社会支持能缓解急性应激障碍对负面情绪（焦虑、抑郁、恐惧）的影响。亲密关系的伴侣和朋友对自己的品行、性格等各方面都比较了解，在他们面前，我们可以卸下假装坚强的伪装，表现出我们脆弱、无助的一面，尽情宣泄心里的压力和负面情绪。比如当我们自身无法承受压力事件、生活事件、突发事件时，应寻求他们的支持和安慰，即使他们并不能帮上很大的忙，但他们的一个眼神、一句话语都能让人感到舒服一些。

（2）保持充分的休息。睡眠不足、休息不充分容易使人在思考问题时失去理性，只看到事情或者问题消极的一面，无法全面思考问题，而且，不理性的思考也会增加自己的压力，因此，我们应尝试各种办法使自己保持充分的休息，比如睡前喝一杯热牛奶、白天多运动等，充分的休息才能保证身体机能有效运转，保持心情愉悦。

（3）尝试正念训练和冥想。

正念是一种有意的、不加批判、觉察当下的状态。孔艳、陶晶晶等团队的研究表明，正念训练对抑郁症患者、普通人、焦虑障碍患者等有效缓解负面情绪，减缓压力，减少焦虑、抑郁，改善睡眠具有显著作用，普通人群可以自己跟着音频来练习正念。昆明医科大学第一附属医院精神科叶文君团队使用的正念训练包括正念呼吸、躯体扫描、慈心禅、正念瑜伽。正念训练具有使内心平静、减压、缓解焦虑（普通的焦虑）、改善睡眠的作用。抑郁症患者、焦虑障碍患者等需要在专业人士的指导下练习正念。节选正念呼吸如下：

正念呼吸：首先，找一个安静的空间，身体挺直，开始觉察当下，微微闭上眼睛，或者也可以睁着眼睛，让自己觉察内在的体验，对它开放，问自己：我现在体验到的是什么？身体有什么念头？尽可能让自己觉察这些念头。此时身体有什么情绪、感受？哪怕是让你不开心、不舒服的情绪。现在的身体感觉是什么？我们可以开始扫描身体，观察身体有哪些部位比较紧绷。第二步，集中所有的觉知，把注意力放在呼吸上，放在呼吸所带来的身体感觉上，觉察腹部随着呼吸起伏，感觉腹部在吸气的时候扩张，吐气的时候往内微微地沉，保持全然的觉知，深深地吸气，深深地吐气，让呼吸带着你关注当下。第三步，把你对呼吸的觉知拓展开来，感受身体的整体感，你的姿势，你的面部表情，从内心里去感觉这一切。如果你开始觉察到任何的不舒服：紧张、抵抗，试着在每次吸气时，温柔地把气息带到那些身体部位，也从那些部位呼气，也许你从那些部位呼气时，慢慢感觉到放松、舒缓。如果你想要的话，你可以在每次呼吸时对自己说：它就在这里，不管那些感觉是什么，它已经在这里了，就让我感觉它吧。现在，尽可能地把这份宽广、浩渺、接纳的觉知带到一天内的每个时刻，无论你在何处，让这样的体验自然地展开。

请扫以下二维码获取正念呼吸、躯体扫描、慈心禅、正念瑜伽训练的音频,并跟着音频来练习。

　　正念呼吸　　　　躯体扫描　　　　慈心禅　　　　正念瑜伽

5. 如何帮助孩子处理应激反应?

父母应尽早发现孩子的异常心理和行为,及时消除不良应激事件所产生的影响,可采取的应对方式如下:

(1) 充分的陪伴

儿童比较依赖父母,尤其是遇到应激事件时,最希望得到父母的陪伴和安慰,只有看到父母在身边,才会有安全感,因此,家长需要充分地陪伴孩子,多花时间陪伴孩子入睡。有时候父母在身边,孩子仍然不安分,比如吃饭的时候吃一点就不吃,父母喂也不吃,如果父母使劲让孩子吃,孩子反而开始哭了;又或者,不小心磕到桌子,明明只是磕了一下,也会哭。很多家长会觉得,孩子已经比较大了,很少像婴儿那样哭了,但这段时间总是哭,稍微有一点觉得不顺心就哭,家长看到孩子哭就不耐烦,可能会责骂、说教,导致孩子哭得更厉害。其实,孩子不是想哭,而是孩子没法表达自己遇到的事情和感受,只想父母包容一切和安慰自己。如果家长不理解孩子的行为和情感,一味地说教、强迫孩子不哭、惩罚,孩子只能抑制和隐藏自己的情感,时间长了可能会产生心理疾病、心理创伤。此时,家长可以分散孩子的注意力,陪孩子玩游戏、看电视，或者带孩子去公园散心，孩子就不必整天回忆起害怕的画面。

（2）倾听

孩子遇到应激事件，自己心里也很难受，也希望有懂他的人可以一起分担，此时，父母可以倾听孩子的心里话，不对孩子的感受和行为做判断，告诉孩子："不管发生了什么事情，爸爸妈妈永远爱你，你不是一个人，如果你需要，爸爸妈妈可以分担你的痛苦。"如果孩子愿意通过语言表达，那家长可以鼓励孩子多说，并安静地倾听，时常给孩子一点回应，比如点头。此外，父母还可以引导孩子表达，比如对他说："现在，你希望我做些什么？""你是在害怕吗？你说一下，你害怕的是什么？"尽管孩子的表达不清晰，比较混乱，但家长要接纳他的所有感受。但是如果孩子不想说，家长不能强迫孩子说话，更不能与孩子讲道理，只能处理孩子的情绪，与孩子共情，接纳他、理解他。家长也可以让孩子画画，画画能让孩子表达心里的感受。

（3）找到问题根源并积极应对

孩子异常的情绪和行为都是有原因的，家长应尽快找到问题的根源，并积极解决，帮助孩子顺利应对应激事件。父母引导孩子说出自己的经历和感受，父母要接纳和理解。孩子可能说出了梦中的场景，这是因为孩子把现实和梦境混在一起，无法分清，这时父母不能责怪孩子说"你就瞎说"或者"别乱想"。即使是孩子自己脑海虚构的场景，家长也应该帮助孩子顺利克服他的恐惧和害怕。

讲故事。家长可带孩子读绘本、讲故事，主要读与孩子的遭遇类似的故事，让孩子与故事的主人公产生共鸣，并让孩子从中找到解决的方法。

模仿练习。如果孩子是因为暴力而出现应激反应的，家长可以与孩子进行角色扮演，模仿类似的情景并应对，爸爸可以扮演施暴者，妈妈和孩子扮演受害者，当施暴者施暴时，妈妈可以带孩子一起应对，如报警、大声呼喊争取他人救援、逃走，或者向施暴者强调：有事好好说，暴力不能解决问题，只能是两败俱伤，我受伤就会进医院，你就会被逮捕坐牢。这可以告诉孩子，遇到事情要想办法去应对，光害怕是没有用的；同时，也能让孩子知道，当其他人遇到类似的事情，我们作为旁观者可以怎么办、如何帮助他们？

（4）减少应激源的刺激

当应激事件对孩子的刺激、冲击比较大时，考虑到孩子的心理承受能力，家长应减少应激源的刺激，包括电视上关于该事情的画面和新闻；同时，成人应尽量避免在孩子面前过多议论这些事情，避免孩子陷入应激状态。

（5）创造安全温暖的环境

孩子在遇到应激事件时最需要一个安全稳定的环境，家长和其他家人需要为孩子创造一个安全、稳定、温暖的环境，包容、接纳、理解孩子的异常行为，不能对孩子的行为或情绪表示嘲笑或者不耐烦，多与孩子玩游戏、讲故事，分散孩子的注意力，尽量让孩子恢复正常生活。如果孩子愿意，可以让孩子跟其他小朋友一起玩。此外，多表扬、赞美孩子的恰当行为，这可以让孩子增加自信心，增强孩子的内在力量，孩子就会减少想着消极的事情和减少消极的感受。

（6）多带孩子运动

运动可以减压，也可以让孩子专注于自己运动时身体肌肉的感受，有规律的运动能够改善孩子的情绪，分散对应激事件或负面情绪的注意力。家长可以选择趣味性强的运动，比如自行车，可以跟孩子比赛；定向越野，可以在小区楼下规定一个范围藏东西，然后用最短的时间把所藏的东西找出来；跑步，接力跑或者比赛跑步；游泳，可以先和孩子玩水，再游泳；打羽毛球、篮球、乒乓球等。运动可以增强孩子的身体力量，减轻应激事件或负面情绪的影响。

（7）提供信息

不同年龄的孩子有不同层次的理解能力，家长一般向孩子提供他能理解和接受的部分必要信息即可，并根据孩子年龄采取不同的形式。

三年级以下的孩子多动，注意力不集中，以具体形象思维为主，难以理解抽象的概念，因此，家长可以通过讲故事、游戏、角色扮演的方式，生动有趣地向孩子解释最近发生的事情。当然，如果孩子本来没有觉得这是一件很可怕的事情，那么家长就不需要解释得太详细，只要让孩子了解我们该做什么、不该做什么以及为什么要这么做就行，避免使孩子感到太焦虑和恐慌。

四年级以上的孩子具备一些认知能力，处于从具体形象思维过渡到抽象思维的过程，对生活中的事物和现象都比较感兴趣，好奇心强，求知欲比较强，喜欢问"十万个为什么"，家长最好不要浇灭孩子的好奇心，尽量回答孩子的问题，并鼓励孩子自己去探索，这有助于培养孩子的探索能力和发散思维。对于疫情的发生，孩子们总能察觉到与往常不一样的地方，家长需要坦诚告知，不能含糊回避。此外，家长可以讲一些抽象概念，适当进行解释，便于孩子理解。

此外，为了让孩子更容易接纳事情的发生，减轻孩子的应激反应，父母可以对事情进行解释，诚实回答，不必欺瞒孩子。比如，夫妻双方吵架、打架使孩子感到害怕，此时，家长可以坦诚告诉孩子发生了什么事情，告诉孩子："由于我们两个都很不开心，一时控制不住才会那样，很对不起，吓到你了，以后我们会好好说话，不再吵架。"或者说："我们确实都生对方的气，但这不是因为你，而是我们自己的问题，无法发生了什么事情，我们都是你的爸爸妈妈，我们都爱你。"

（8）寻求专业治疗

心理疾病和身体疾病一样，都是疾病，都危害到身心健康，甚至危害生命，都需要专业治疗。人的心理十分脆弱，一句话语都能把人打倒，而身体有免疫系统，能够抵抗部分病毒、细菌的入侵，达到自我修复的目标。钟南山说过：健康的一半是心理健康，疾病的一半是心理疾病。家长需要重视和关注孩子的心理健康，当孩子的情况比较严重、持续时间比较长时，需要带孩子寻求专业的心理医生治疗，越早治疗对孩子的心理健康越好。目前，很多临床案例都表明，有相当一部分成年人的心理疾病都是小时候心理受到伤害、没有得到疗愈的部分。

居家环境中的"玩、乐、学"

许朝山

没有哪一位父母从一开始就想让自己的孩子在痛苦中生活和学习。然而一涉及"学习"的话题,却不由自主地沦陷到一种相爱相杀、鸡飞狗跳的恶性循环中。

其实很多父母也都明白:乐趣的预期是所有学习的关键,只有那些在人们的生命中提升乐趣的因素,才可以刺激和促进学习过程。

关于神经科学的研究也证实了:学习实质上就是神经元不断地被刺激、神经髓鞘不断增多的被叫作"神经康复"的过程。只要有矢量的营养、氧气、刺激和活动的自由,人类都会在没有意识思维的情况下,设计、再设计复杂的神经系统。

因此很多人也都知道:玩耍是孩子孩童时代重要的活动,一切学习的基础都在这个基础上建立起来。保有乐趣、运动和创意的环境,才真正是令学习最容易成功的地方。

但有时候,人们完全无法保证客观环境是完全开放的,在遇到不得不在一些封闭的环境中生活时,比如发生了自然灾害,发生了重大疫情，人们必须在一种封闭的环境中生活和学习较长的一段时间时，家长要怎样才能保证为孩子提供可以自然而愉快地学习的氛围呢？

2020年春节以来发生的新冠肺炎疫情期间，人们就经历了这样一种特殊的居家环境。我们会看到很多的人想尽各种办法让居家变得更有趣、更充实，如大量的家庭游戏、丰富的美食制作、多姿多彩的"阳台文化"等，让我们充分地看到了创造生活的高手在民间这一事实。

而随着封闭居家的时间延长，孩子们的体能和情绪持续被压抑，同时又要开展各种知识的学习。许多家长在陪伴孩子居家的玩耍和学习中还是感受到了很多的疲惫和无力。

在2008年汶川大地震发生之后，笔者曾在绵阳九州体育馆进行灾后心理援助工作。在那个聚集了2万多人的灾区群众安置点，有很多在灾后失去上学机会的9岁以下的少年儿童。在那里，笔者所在的志愿者团队与绵阳市的社会义工一起，建立起了一个"流动幼儿园"。通过每天看似特别普通的读、唱、写、画、跳、手作等游戏活动，看到了在地震中被严重创伤的幼儿日渐康复和恢复学习能力，也看到了"玩耍"唤醒童心的神奇力量。

因此，笔者在这篇文章中，尝试结合心理学与教育肌动学的理论和技术，挖掘一些居家环境中的活动项目，以期帮助家庭在某种居家环境下，发展家庭成员的运动和学习能力，并从中增进亲情，让家庭成员保持健康的心理状态。

第一部分：适宜婴儿的游戏

思想、创造性和学习都源于经验。经验的其中一个重要组成部分是感官输入，经由眼睛、耳朵、鼻、味蕾和皮肤，从外环境和内环境获得。感官经验建构了我们的神经网络，经验决定了这些模式的形状与复杂程度。我们的感觉环境越丰富，探索环境的自由度就越大，那么为学习、思考和创造力而设计的模式就会越复杂，也就是说学习能力就越强。

从胚胎开始，胎儿就会在子宫内对声音做出反应，所以我们知道了小宝宝早就会通过他们的感官系统，充分学习他的世界，以及如何运用自己的身体来向照顾者发出信号，为他提供满足他的食欲、温暖、安全和清洁等各种需要。这就是第一步的学习。

两岁以前的婴儿的玩耍，主要通过爬行游戏和触摸性的游戏来完成。这是在任何安全的环境下都可以和婴儿共同进行的游戏。

爬行游戏：爬行是一种对侧运动，它能激活人脑中胼胝体的发育，使得身体的两侧可以合作，而避免了将来孩子在学习过程中出现读写困难。在针对新手父母的很多育儿教育中，都有要求家长让婴儿充分地爬和训练，在这里，笔者提倡的是一种家长陪着小婴儿爬行的做法。婴儿的模仿学习能力是非常强的，当家长在他的身边做出一个爬行的动作时，婴儿就开始努力地模仿和学习这个动作，这样会加速婴儿学会爬行。爬行的姿势有很多种，最早的是腹部着地、全身匍匐地爬行，其次是抬头、腹部离地、四肢辅助的壁虎状爬行，婴儿此时开始学会一种自己从爬行姿势坐起来的"罗马坐"，随后便是以四肢为主的爬行。经过这样循序渐进的爬行发育的探索，婴儿就学会了自己坐起和站立、行走。还有一些特殊的爬行姿势如背部着地、限制使用四肢的爬行，对于婴儿的脊柱及核心肌肉的发展很有帮助。假如家长发现婴儿在家长示范多次以后还是不会爬行，可以尝试把婴儿放在家长的身体上（保证平稳、安全），家长驮着婴儿爬行一段时间婴儿就学会了，而爬行动作由于对人的脊柱和躯体的核心肌肉群都有很大强度的刺激，也能够帮助家长消除久坐、长时间看电子产品产生的身体疲劳，所以这是一种神奇的充满乐趣的亲子之间身体的教和学。

触摸和辨认自己身体的游戏：家长可以通过自身的示范，带领婴儿去触摸和辨认、命名自己的手指、五官、身体的各个部位，同时可以配之以一些民间广为流传的儿歌，如"点虫虫，虫虫飞""眼睛（可以更换为身体的任何一个器官和部位）在哪里"，边吟唱边带婴儿去触摸自己、触摸对方，这是婴儿特别喜爱的一类游戏。而婴儿的眼睛总是会跟随手的动作一起运动，这也促进了眼部肌肉的协调发展。而当家长看到婴儿在游戏中不断进步的时候，也会对自己成为一个胜任的照顾者更加充满信心。

抓换玩具的游戏：选择一些安全无毒材质、色彩鲜艳的玩具，让婴儿练习抓握和换手、丢、捡。婴儿可能会将玩具放入嘴中，但这是婴儿以他的方式触摸和认识玩具的方式，只要不存在安全问题，可以让婴儿继续。抓握、转换动作训练，很好地锻炼了婴儿的四肢和眼部大小肌肉群的协调发展。同样地，婴儿的逐渐进步也激励了家长更多的等待婴儿成长的耐心，对家长将来更好陪伴各个年龄段孩子共同成长打下基础。

旋转和托举的游戏：家长抱稳婴儿，可以从缓慢的小幅度的向左向右旋转和向上托举开始尝试玩耍。当玩耍过程中婴儿出现双手张开、颈部僵直的动作时，其实他是发生了一个颈紧张反射，这个反射正常的婴儿一般在出生几周就消失了。但如果早期的爬行训练不充分，当婴儿的头部位置发生变化时就容易产生颈紧张反射。家长只需要通过重新帮助婴儿学习爬行，在旋转和托举中循序渐进地练习，这个问题很快就化解了。旋转和托举的游戏由于具有一定的冒险和在家长的保护下化险为夷的过程，对于儿童体验冒险的安全能力发展和儿童的创造力发展非常有益。同时，父亲高高举起婴儿超过自己的头部时，也象征了父亲对孩子超越父母的允许，这样的象征性在孩子一生中都会给他注入很强大的获得成功的信念和力量。

神通：稍大一些的婴儿（2~3岁），可以尝试进行这个游戏。家长准备一个纸箱，挖开一个洞，装入一些物品（生活用品、不同的水果等），象征性封闭。请孩子从洞中伸手去触碰箱里物品，并用语言告诉家长箱子里有什么物品，或者请孩子将特定的某个物品找出来。这个游戏锻炼的是孩子的本体感觉和触觉，促进小肌肉的发展，同时也开始训练孩子的联想和组织能力。

画板：2~3岁的婴儿适宜玩的游戏。家长为自己和孩子各自准备好一张白纸和彩色笔。示范性地把手放在纸上，用彩色笔沿着手掌边缘画出手的形状，边画边说出笔画到的是哪个手指。也可以画脚掌。还可以邀请孩子与家长一起互相为对方画出手或脚。这是一个简单易做、受益颇大的趣味性游戏，不仅锻炼了孩子的本体感觉、记忆以及语言表达，还非常有益于增进亲子关系。

第二部分：适宜幼儿阶段的游戏

孩子长到幼儿的年龄段，玩耍就不仅限于"身体活动"了，还加入了许多充满着智力活动的趣味性。

3到6岁是儿童认知发育的关键阶段，他们在此时学习处理信息，并把信息转化为创造力。

对于这个阶段的幼儿，游戏的重点在于培养他们学习两种以上感官的使用、解决问题的行为、满足好奇心和想象力。而电子助学产品由于知识、动作来得太快，缺少了认知发育所必需的内部心智、情绪和身体的参与，幼儿只能被动接受，却无法深刻理解。

因此，幼儿比在任何时候更需要比较粗糙的身体接触和带有一定的活动度、力量型的游戏。

在不得不居家限制外出活动的特殊情况下，如何把日常在户外的游戏转变为居家的空间里也能进行的趣味游戏，是我们在这一章节讨论的重点。

攀爬、跳跃类的游戏：在保证安全的前提下，利用家庭中可移动的家具鼓励孩子进行攀越、爬行和跳跃。比如将不同高度的家具按一定的顺序摆放，家长保护孩子一起攀越、爬行钻过、绕开障碍物等模拟"野战"的训练。可以将旧的被褥铺在地上，家长扮演"木马"，或者用高度适当的单凳作为道具，一起练习"跳马"，另外的家长要在旁边保护好孩子，让孩子有勇气去挑战。这个游戏并不需要因为孩子的性别而有区别，不论男孩或女孩，都非常需要发展脊柱的力量、大动作和精细动作的肌肉群，以及学会做出对环境的判断及适当的应对。

家庭滚水桶游戏：在地上平铺开旧的被褥，尽量足够宽和长。家长和孩子一起在被褥上横躺着滚动。最开始可以是自由地打滚，随后慢慢变成定向的滚动。家长可以和孩子进行时间和目标的比赛。这是一个看起来非常简单的活动，但这样一种简单的螺旋状的活动非常有助于人的前庭系统的发展，可以唤醒大脑，帮助吸收进入人脑的所有感官信息。而且由于成年人半规管中的液体变浓，所以家长可能比孩子更容易眩晕，幼儿会因为他们能够比较轻易地战胜家长而快乐不已。

家庭洗车游戏：在地垫上或者床上、沙发上都可以进行这个游戏。家长和孩子分别扮演"汽车"，扮演"汽车"的人用大毛巾将身体包裹起来，另一人开始按照常规洗车的程序将"汽车"从头到脚搓洗：扫掉灰尘、打泡、擦洗、冲洗、擦干。正面和反面都要洗。当家长替孩子"洗车"的时候，将孩子的全身很多部位都进行了多次的按摩，这是一种非常好的粗糙的皮肤接触。当孩子替家长"洗车"的时候，孩子的双手掌得到了大量的摩擦，也是非常好的感官的刺激。大量的事实证明，那些背部、脊柱得到很多抚摸的孩子，他们的感官系统发育更完善，长大以后学习能力会更强大。如果是异性的家长和孩子互相"洗车"的时候，请留意各自身体私密部位的保护。

顶气球游戏：气球是一种非常容易准备的道具，而且由于轻和软，不会碰伤孩子的身体。将吹到足够胀的气球扎好口，规定只能用肩膀以上的部位去顶气球，肩膀、头、颈、脸等部位都可以任意使用，肩膀以下顶球则算犯规。这个活动由于限制了双手的运用，并且气球很轻，方向难于掌握，孩子将要学习更多地控制他的身体，会更大程度地调动孩子去运动他的脊柱和腰腹部的核心肌肉群。这个项目对于孩子本体感觉的发育、促进发展平衡及协调能力都非常有效。

制作道具类的游戏：可以和孩子利用家中的一些小物品，制作一起游戏的道具。比如用家里的零头布剪裁成大小合适的布片，用针缝起边做成小容器，装入大米，再缝合封口，就做成了一个大小适度的"沙包"，可用于跟孩子玩"丢沙包""抓石子"等游戏。又如可以利用家里的彩色编织绳和透明胶，"画"出各种形状的格子，和孩子一起玩"跳格子"。这些传统的游戏，其实都是非常好的免费"感觉统合训练"。还可以用家里废弃的筷子，修成长短合适的木条，并和孩子一起用颜料涂上各种色彩，用来作为训练专注力和创造力的"挑竹签"游戏的道具。

丢沙包

抓石子

挑竹签

对称涂鸦游戏：家长和幼儿面对面，双手相对合，一起完成一个指令的对称涂鸦。这个由人的整个上臂和肩膀共同参与的对称涂鸦游戏，非常好地锻炼了孩子的整个上肢和背部的肌肉群，同时孩子眼部肌肉群也一起得到运动，视觉的发育得到刺激，这些都为将来孩子的读写打下很好的身体基础，同时不断变化的指令和图案，也较好地培养了孩子的想象力。

触觉盒子游戏：准备几个鞋盒，每个盒子中分别放入家里常用的颗粒状的物品，如大米、绿豆、黄豆、花生、瓜子、棋子等。家长和孩子分别来体验这些物品带给自己脚部的触感，然后蒙上眼睛，走过每一个盒子，用语言说出盒子中的物品。这个游戏可以帮助孩子本体感觉的发育，同时也可以激活肌肉的记忆，促进平衡觉和触觉的发展。

毛虫背爬：可以在稍微有些摩擦阻力的软垫上进行。做法：背部贴地，双手自然放于身体两侧，不允许以手助力，双腿弯曲脚掌着地，以一侧脚作为支撑发力，推动对侧肩膀带动身体向头顶方向移动。两侧交替进行。这个活动可以非常好地锻炼孩子的运动规划，促进身体和眼睛的协调发展，同时也可以放松颈部和肩部，减轻身体的内在紧张。当家长和孩子一起进行这个背爬的比赛时，亲子间的快乐便充满了这个艰难的游戏过程。

家庭画坊：家长准备一块旧床单（纯色、浅色最好）和各种颜料。邀请孩子一起在床单上作画，可以用笔，也可以自由地用手和脚，甚至身体的其他部位去作画。家长和孩子都可以尽情地发挥自己的想象力自由创作，不必要求画出多么美丽的作品。这个游戏的目的是让孩子跟随家长一起体会自由、放松、撒野的快乐感觉。游戏结束之后，家长邀请孩子一起收拾物品，打扫卫生。这种无拘无束的游戏，不仅让家长和孩子都获得身心的放松，还让孩子深刻地体会到了家长对他的无条件的接纳和爱，同时活动结束后一起打扫卫生也让孩子体会到了与家人共同劳动的快乐。

第三部分：适宜学龄儿童的游戏

学龄儿童的身脑发育进入了一个更高效适应环境的阶段，这个阶段的游戏不仅要有趣，而且更强调了在益智、伙伴进行、力量竞技性等方面的功能。

传统游戏：这是一大类在伙伴进行、体力和技巧性都很有促进作用的活动。如"跳皮筋""编花篮""斗膝盖"等，都是四肢、躯干、语言、平衡觉共同参与的、伙伴进行的游戏，是好玩又易行的免费"感觉统合训练"，非常适合于学龄儿童玩耍。

例如：家长可以买回很多裸橡皮筋，和孩子一起动手把皮筋连接成长线，绑在家里比较空旷的地方，跟孩子一起念着儿歌跳皮筋、踩皮筋。

家里有三个人以上，就可以玩编花篮的游戏。

家里的男生们，都很喜欢这个斗膝盖的竞技游戏。

撕纸游戏：家长和孩子各自准备两张剪成约A4大小的旧报纸

（报纸比较柔软而且有一定的韧性，不容易割伤手），每只手上平放一张纸，在不允许对侧手帮助的前提下同时将纸揉成团，单手撑开，并同时单手将纸撕成两半。继续将纸揉成四个纸团，又撑开，每片纸都再撕两半，各自揉成团。如此双手同时重复进行，直到每只手上至少有四个纸团。通过左右手的拇指与每一个手指合作，将小纸团弹出去，可以当作弹子去"攻击"共同游戏的伙伴。最后用脚去把每个落在地上的纸团捡起来。这个游戏同时动用了左、右手的单独同时操作，迅速让左右大脑得到刺激和放松，对于长期处于身体和大脑紧张的成人或孩子都非常有帮助，能够非常快地协调身脑放松下来，是一个身心减压的游戏。

我家的土乐队：家长邀请孩子一起准备物品：易拉罐数个、平底锅、铝合金盘子、鞋盒、橡皮筋、小铃铛、石子、沙子、豆子等。制作乐器：将石子、沙子、豆子分别放入不同的易拉罐，制成不同声响的乐锤；平底锅和盘子可以用绳子吊起来成为打击乐器；鞋盒拿掉盒盖再绕上橡皮筋就是土吉他；小铃铛系在手腕上变为摇铃。乐器制作完成，家长和孩子就可以创造音乐了。在共同完成这项活动的过程中，不仅可以拉近亲子关系，还提高了孩子的参与意识，让孩子感受到成功的喜悦，刺激创造的动力。

总而言之，学习是一个高度自然的过程，因为与其他人的游戏互动，学习的能力得到激活，经由了我们的感官，获得运动的经验、与人联系的感觉和被欣赏、被爱的体会。笔者只是在居家的亲子活动方面罗列了一些片段式的自身的经验，希望能够抛砖引玉，促进家长的思考，创造和开发出更多的适宜自身居家环境的亲子游戏和活动，让孩子在居家的环境中也能够更加快乐地生活，在玩耍中快乐地学习。

请记住：所有游戏的意义不仅是游戏，家长对孩子的爱和陪伴才能让居家游戏激发出更大的活力。

亲子游戏策略——温暖和爱的特别时光

张 路 李泽华 刘籽萱

案例一

案例简介

小A，女孩，8岁，平时是一个稍微有些羞怯的女孩子，间断有咬指甲的习惯，和熟悉的人在一起的时候也爱说爱笑爱动，从疫情期间开始突然变得敏感起来，咬指甲比以前更多了，甚至有时候也会有些拔头发的情况，经常是不自觉地就在做，父母反复提醒也没有用。晚上睡觉的时候也会害怕，有时半夜会做噩梦惊醒哭闹，本来已经自己睡了1年多了，现在又要爸爸妈妈陪自己睡，会反复地和妈妈确认碰过的东西有没有病毒，父母反复跟她保证后才会安心一些，吃东西的时候也很担心，会反复担心食物上有病毒。在家里经常要反复检查门窗，让家人把窗户关严，害怕病毒会从外面飘进来。父母因此也很担心孩子，反复和孩子解释，但是小A仍然每天会问很多遍。

成长经历

小A是足月顺产，出生时无明显异常，因为黄疸去新生儿监护室照蓝光1周，这1周里父母每天只能看到孩子半小时，之后在小A半岁的时候，妈妈因为要上班不能继续喂奶，家里也没有人照顾小A，所以当时就把小A送回了奶奶家，顺便就断了奶，之后直到3岁上幼儿园时小A才重新回到父母身边，这2年多里父母每年会回去看小A3~4次，其间就有发现小A比较胆小、退缩，不太爱表达，会一直比较依恋一个半岁送她回去时包着她的小毯子，晚上睡觉的时候一定要抱着这个毯子，有时还需要咬着毯子的角。

3岁回到父母身边时，母亲觉得那个毯子太脏了，也觉得孩子这个习惯不好，就偷偷把毯子扔掉了，告诉小A说找不见了，小A难过了很长一段时间，也就是那个时候开始发现小A有了明显的咬指甲的习惯，严重的时候脚趾甲也被啃得精光。并且刚上幼儿园的第一年，每次上幼儿园都要哭很久，在幼儿园从不上厕所，经常尿湿裤子也不跟老师说，也不和别的小朋友玩，只是自己待在角落里，慢慢地和一个老师熟悉了之后就去到哪里都要跟着这个老师，一旦这个老师生病没有上班就哭闹不止。在家里面也会很固执地坚持一些习惯，上厕所一定要把衣服全脱光了，经常憋大小便，家里的东西一定要摆在固定的位置，谁也不能动她的东西，一旦动了就哭闹不止。这样的情况持续1年左右才逐渐有一些缓解，中班和大班时开始有一些朋友，但只是固定的几个，也开始愿意上幼儿园，在家里慢慢地没有那么固执了，但咬指甲的情况还是时轻时重。

刚上小学的时候小A也有一段时间很不适应，在学校里注意力不集中，不举手回答问题，学习很难进入状态，遇到困难就容易退缩，情绪烦躁，稍微被批评就很难过，那段时间咬指甲的情况也明显增多了，经常哭闹。当时父母也很苦恼，带孩子到医院去找心理科医生看过，医生也没有给什么诊断，只是建议父母多陪伴、多关注、多鼓励孩子。父母听了医生的建议之后做了一些改变，小A的情况逐渐地有了一些缓解，虽然时不时还是会咬指甲，但学习状态还可以，情绪也平稳很多。

案例解读

听完孩子的成长经历之后首先最直观的感觉是，这个孩子内心的安全感一直很不足够，这和安全依恋关系的不足有很大关系，2岁以内是形成依恋关系的关键期，这个阶段不建议母亲和孩子长时间分离，因为此时在孩子的内心当中并不能够形成关于他人的稳定持续的印象，当一个人有一段时间没有出现在她的视线范围内，她就会以为这个人消失了，不存在于她的世界之中了，而尤其当这个人是妈妈的时候，对她而言更是一个非常巨大的难以承受的失去。尤其在此时她同时经历了断奶和失去母亲的陪伴，所以她会试着去寻找一些替代物去自我安抚，这个小毯子就成了妈妈的替代品，也许当时妈妈抱她回的时候毯子上遗留了一些妈妈的味道，她就借着这个味道去帮助自己在心里面建立一些连续的感觉。

可能有些家长会说小朋友那时候那么小，他们什么都不懂，也什么都不记得，怎么会对后面有影响呢？我要说的是，那是他们人生最早期的经历，也是他们对这个世界最初的感觉，虽然事情不记得，但是那种感受会遗留下来，成为他们对于这个世界和他人的感受的基调，如果在生命的最初几年里他们得到很好的照料，生活在一个安全的环境里，遇到困难的时候总是会有人出现帮助他们，那他们就会对这个世界产生一种安全和信任的感觉,在以后的生命里他们也会感觉自己有价值,是值得被爱的,更容易信任他人,也更容易和他人建立安全信任的关系。如果相反,在生命的最初经历中,他们经历的是主要照顾者以及生活环境经常变动,一个给他们安全和信赖的人突然就不见了,并且在"很长"(在生命的最初几年里婴幼儿对于时间的感知和成年人是很不一样的,我们觉得很短的一段时间,在他们那里可能会很漫长)的一段时间里也没有再出现,那他们很大可能会很难去信任一个人,即使这个人是安全的可靠的,他们也会有随时被抛下的恐惧,这其实也是有些人成年后无法和他人建立亲密关系的一个可能的原因。

如果这一层大家理解了,也就可以理解小A后续的一些表现,其实这个孩子主要的原因可能就是早期安全依恋的缺失导致安全感的地基不是很稳固,所以每当要去适应一个新的环境或者面对一些应激性事件的时候,她当时内心感受到的失去和不安全的感觉就会回来,所以她就要去寻找到一些自我安慰的方式。当小A回到母亲身边时,那个毯子对她而言是非常重要的,但是很遗憾毯子不见了,所以她就要去寻找到另一个可以帮她搭建内心安全感的部分,手指其实也是非常常见的一个孩子自我安抚的方式(因为口腔是我们最早获得满足的地方,妈妈用乳房不仅哺育了我们的身体,同时也哺育了我们的心灵,我们通过吮吸妈妈的乳头获得身体的营养和内心的安宁,但妈妈并不是时刻都能在场的,当我们需要安抚而妈妈不在的时候,我们感受到了难过和不安,我们就开始想办法尝试自我安抚,手指是最方便获得的安抚自己的工具),所以她后续一直断断续续地都会有咬指甲这样的情况。

同时因为她内心充满了混乱和不确定的感觉，所以她会非常需要外界环境的稳定，通过保持周围环境的稳定，慢慢地她才能够找回自己内心的稳定感。这也就是为什么她在刚回到父母身边时有很多很固执的表现，包括物品的摆放以及固定的行为习惯，她需要从这些外在的熟悉和稳定感之中一点点地去稳固自己的内心。所以父母对于孩子这样的行为一定要避免打骂训斥，因为这是孩子自己在努力地帮助自己的一个过程。

近期因为疫情的因素，整个社会都处在一种焦虑不安的氛围之中，可能父母的这些情绪也感染到了小A，使得她内心的不安全感又被激活，所以她又会重复之前的一些过程，咬指甲和拔头发其实都有类似的宣泄情绪的功能，同时因为自己内心非常不确定，就会很需要外界的反馈和保证，所以会需要不断地去和父母核对以及确认，以慢慢地去重建她内心安全感的部分。

应对策略

1. **与恐惧为友**

这个游戏对于恐惧和担忧的孩子非常有帮助，尤其是针对不喜欢用语言方式沟通，以及无法用言语表达强烈情绪的孩子。

➢游戏材料：图画纸、彩笔

➢游戏步骤：

给孩子一张图画纸，中间画一条横线，然后再切分为6格。

请孩子从左上第一格开始画，主题是他们的恐惧的样子，详细到形状、颜色和大小。

在左上第二格画出一个有力量的卡通人物或者英雄（例如蝙蝠侠、超人、奥特曼、巴啦巴啦小魔仙、美少女战士等），TA会保护孩子并且敢于直面他们的恐惧。

请孩子和他/她的卡通帮手一起选择一个礼物送给他/她的恐惧，询问他/她的卡通朋友什么礼物可能让他/她和他/她的恐惧成为朋友，或者能够让恐惧不再打扰他/她。将这个礼物画在左上第三格。

在左下第一格画出如何将礼物送给他/她的恐惧。

在左下第二格画出恐惧收到礼物后的变化，比如颜色、形状和大小发生了什么变化。

最后在第六格画出在未来你再次需要卡通人物帮助或者你希望卡通人物帮你产生新想法的情况，画出你将如何呼唤TA。

➢游戏解读：

因为对于很多孩子来说，去描述一些和情绪相关的东西是比较困难的，而有时用绘画这种载体会更容易一些，通过形状、颜色、大小的描述把恐惧或担忧具象化出来之后，恐惧的部分就会有所缓解。接下来通过帮孩子寻找资源（帮助者），然后通过某种方式去影响到这个恐惧或担忧，孩子就会从一种被动的受害者的位置变成了一个相对主动的位置，会有一些力量感生发出来。

2. 担忧保龄球

这种方法对于经历了很多焦虑和巨大的担忧的孩子和家庭来说，是一个非常好玩的干预方法。

➢游戏材料：玩具保龄球（或空的饮料瓶）、便利贴纸、笔

➢游戏步骤：

让孩子把他们最大的担忧说出来，父母帮助孩子把担忧写在便利贴上，贴在瓶子上；

当孩子们开始觉察其他的担忧时，你也可以继续把它们贴在有着担忧标志的瓶子上面；

孩子们拿到保龄球（或其他可当作保龄球使用的球类），击倒球瓶。

➢游戏解读：

对于那些已经被击倒的球瓶，我们有不同的做法。你可以把击倒的球瓶当作积分，就像是，是的你刚才击倒了六个！让它变得有趣和好玩。然后你可以谈谈剩下两个没有被打倒的担忧。孩子会帮你确认，这些担忧对他们来说为什么这么强大。然后他们要再一次拿起有力的保龄球，因为这也代表了他们打败内在怪兽的力量和能力。在这种干预方法中，你不仅是玩，而且是在觉察担忧的根源。你会发现担忧很多时候像蜘蛛网一样，有主要的担忧，还有与之相连的其他的担忧。你现在就在找这些连在一起的担忧下面的根源是什么。这个根源会触发孩子的焦虑，也能给孩子赋能，让他们觉得自己可以掌控，同时他们可以学会识别，担忧什么时候会到来，是什么让心里的担忧变得巨大而恐怖的。而孩子们把球瓶击倒的动作，是他们面对担忧的应对性策略。这样他们就能击倒自己的担

忧，并把它驱赶出去。

案例二

案例简介

小C，男孩，10岁，读四年级，在学校学习成绩一直还算跟得上，但是学习习惯很差，做作业总是拖拉，边做边玩，很没有时间观念，经常不交作业，畏难情绪很严重，一遇到困难首先都会说自己做不到，对自己很没信心。老师也会经常向父母投诉孩子在学校上课时注意力不集中、小动作多。生活习惯上，也是磨磨蹭蹭，总要家人催促。尤其近1年弟弟出生后，情况变得更糟了。

父母平时忙工作，很少能顾上孩子。最近因为疫情，终于有了和孩子朝夕相处的时间，他们也想趁着这个时间去帮孩子好好养成一些良好的习惯。但是似乎适得其反，越是去督促他，他反而处处对着干，说了好多遍都不听，作业磨蹭得更厉害了，洗澡、刷牙、洗脸事事都要父母催促，做作业边做边玩，每天都吵着玩手机。更有甚者，用电脑上网课的时候，总是偷偷地看游戏的视频，近一周多作业总是不会做，父亲感觉很纳闷，翻看了电脑浏览器的历史记录才发现，几乎上课的时间都是在看游戏的视频，这下真的是把父亲气得够呛，对着小C一顿暴风骤雨的咆哮，尽量克制之下才没有暴揍一顿。

为此，父母和孩子都很苦恼，孩子觉得父母不爱自己了，父母也觉得不知道该拿孩子怎么办。

成长经历

小C是足月剖宫产，出生时无明显异常，自幼生长发育和同龄孩子相仿,一直由父母和爷爷奶奶一起抚养,6岁上小学之前寒暑假的时候爷爷奶奶会带小C回老家,有一些短暂的和父母分离的情况,平时父母工作忙,主要是爷爷奶奶在照顾小C。

爷爷和奶奶比较宠孙子,凡事比较溺爱,不能坚持原则,无论什么过分的要求,只要哭闹一下基本都能够被满足。另一方面奶奶的性子也比较急,总担心小C吃不饱,营养不够,影响长身体,所以吃饭的时候总是催着小C多吃点,吃快点,平时生活中也是经常催促小C,比如整理书包、穿衣穿鞋,经常因为小C动作比较慢,奶奶就会替他做了。妈妈看到之后跟奶奶说过几次,让奶奶多放手让小C自己动手,锻炼他的生活自理能力,但奶奶总是我行我素。

二年级时父母看这样子实在不行,就让爷爷奶奶回了老家,但是父母自己也没时间管小C就把他送到了托班,在托班里也经常被老师投诉干扰其他同学。平时的生活自理能力有了一些进步,但生活习惯还是很差,东西总是放得乱七八糟,整理书包时总是丢三落四,经常忘记带作业或书本去学校,缺乏时间观念,经常做作业做到很晚。

去年妈妈生了弟弟后,忙不过来,又让爷爷奶奶过来照顾,之后小C的表现更糟了,在学校甚至有时候还会打架、惹事,认为父母偏心弟弟,爷爷奶奶也不爱自己了,经常闷闷不乐的,有时说讨厌弟弟,要把弟弟送走。

案例解读

这是一个很苦恼的家庭,相信这也是很多家庭在面对的问题,尤其是近期因为疫情延迟开学,孩子在家上网课,很多矛盾都集中暴露了出来。学龄期儿童注意力不集中、多动的问题是非常常见的,在我们儿童心理科门诊,有一半左右的就诊主诉都与此有关,但是他们的原因却又各有各的不同,有一些孩子确实存在注意力方面的缺陷,可能患有注意缺陷多动障碍,针对这一类孩子有专门的药物治疗和训练,与此同时大多数这类孩子都有家庭和社会环境因素的影响,也和他们的成长养育背景相关。

1. 隔代抚养中过度照顾的因素

在这个案例中,第一个很常见的是隔代抚养的问题。当代社会大家压力都很大,很多家庭中父母都忙于工作无暇顾及孩子,有相当一部分祖辈就成了养育孩子的主力军,在这个案例中的爷爷奶奶就是如此,他们可能因为曾经对于自己的孩子过分严厉或者过分疏忽,就很想在孙辈的身上去弥补曾经的遗憾,所以在面对小C时就很难坚持原则,另一方面也可能会担心没照顾好孩子被责备,所以也会过度关心和照顾孩子。

出发点是好的,但是这样的照顾对于孩子实际产生的效果却往往事与愿违,一方面孩子的成长过程中必须经历挫折,他只有当一些需要没有被满足时,才会想办法去发展自己的能力,才能够逐渐地去成长,就像离开母亲安全舒适的子宫才能学会用力地呼吸,才能真正地成为一个独立的生命体;离开父母温暖的怀抱去自己爬行和探索才能够学会走路;断奶增加辅食之后才能够摄入更多的营养,锻炼咀嚼肌为发展语言能力做准备;当自己的哭喊和咿咿呀呀不能完全被理解,需要不能及时被满足,才需要学习和发展语言以更好地表达自己的需要;当不再能随地大小便接受了排便训练之后,我们才能离开父母进入幼儿园,去接触更多的人,发展更多样的人际关系……人的成长总是伴随着这样的受挫和失去的,一个完全没有受挫、所有需要都被及时满足的孩子是无法成长的，孩子的成长需要这样的一个空间。

我们去照顾一个人的同时其实也在传递着对对方的不信任，"你做不到，你需要我的照顾"，这样一种无意识的行为会被孩子接收到，也会让孩子对自己感觉到不自信，他也会很怀疑自己的能力，所以很多时候就会很畏难，一遇到一些困难就会依赖情绪很严重，很害怕做不到做不好，小C对自己的不自信和畏难可能也与此有关。

2. 二胎的影响

另一方面有相当一部分表现为注意力不集中、好动的孩子，与寻求关注的需要有关。每一个孩子在成长的过程中都离不开周围环境对于自己的关注和认可，尤其是家庭当中的父母，正是这些关注和认可让他们感受到自己有价值，如果他感觉周围环境给予自己的关注和反馈和他的预期有差距的时候，他就会去尝试以前成功获取过关注和认可的方式，去努力做到更好，而当这个方法无效时，他就会采取相反的方式去吸引关注——激怒你。当然我们不是说这是孩子有意为之，其实孩子自己内心当中可能都没有意识到这个变化的过程，但这确实是经常在很多家庭当中发生的事情。尤其是现在二胎放开后，很多家庭都有了二宝，尤其一些二宝出生的时间会和大宝上小学的时间有所重叠，这样的孩子似乎也更容易在一些阶段出现问题，有些表现为注意力不集中，有些表现为多动冲动在学校惹事，甚至偷窃，有些表现为情绪低落、闷闷不乐……而在小C的案例当中，似乎也有这个部分的因素。

在门诊和家长提起这个部分的时候，很多家长都会说他们已经很努力在平衡了,甚至对大宝的关注和照顾比对二宝要多得多,但是对于这个问题,其实我们并不是要指责父母,而是无论父母做得多好,大宝可能都会有类似的感觉。父母所要做的,并不是为了避免大宝出现这种失落的感觉而竭尽全力去满足大宝的所有要求。首先我们要理解这是一种正常的现象,最重要的是我们不要去害怕和排斥孩子的这个情绪,不要觉得孩子有这种感觉就是我们父母没做好,我们要明白孩子客观地会对小宝有这样的一种感受,我们可以多听他们讲一讲这个部分,让他们的恨可以呈现,当他们可以去表达这个恨的时候,情感通道就会流动,恨流出来之后,背后的爱自然也就能流动起来了。

3. 关系是第一位的

其实在小C的案例中,我们也可以看到父母其实意识到平时对小C的关注不够,导致他出现了一些问题,以至于很想通过一些方式去纠正和弥补,而这些努力似乎适得其反,情况越来越糟,这是为什么呢?

小C的父母意识到了问题,但是只看到了问题的表面,他们看到小C注意力不集中,学习和生活习惯都很差,于是就开始针对这些表面看到的问题去使劲,这就像是"头痛医头,脚痛医脚"一样,没有看到这些问题的背后其实是因为,小C内心当中感觉到的对于父母关系的疏远,渴望父母对自己多一些爱和关注的需要。而当父母只是盯着小C的问题的时候,小C感受到了更多的否认,对自己的感觉更糟了,父母和他之间的情感连接进一步被破坏,所以他的表现就越来越糟了。

那应该怎么做呢?其实对于任何问题,第一步都是要先去建立关系，关系就像是桥梁，没有关系就没有沟通的渠道，说出去的任何话都无法被接收到，很多时候甚至越做越错起反作用。"关系搞好了什么事情都好办"其实是很有智慧的。那如何去改善关系呢？首先我们不要把自己和孩子对立起来，我们要试着去把孩子和问题分开来看——孩子是孩子，问题是问题，孩子不是问题——孩子遇到了困难，而他自己也很苦恼，我们要试着去设身处地地理解孩子所处的情境，去看到他遇到了什么样的困难，我们和孩子是在一个战壕里的，这样才能有关系和连接，有了关系和连接，才有真正的改变的可能。

应对策略

1. 家庭故事接龙——小红点的故事

➤游戏材料：A4纸、水彩笔

➤游戏步骤：

家庭成员指定好讲故事的顺序（可以用有趣味性的方式来确定顺序，如掷骰子、抽签等），谁先开始讲，第一次玩如果孩子有些紧张，爸爸或者妈妈可以先示范；

爸爸或者妈妈开始讲时，在A4纸上画一个红色点，开始讲故事的开头，如有一天这个小红点出去郊游，边讲边在纸上画故事的内容；

然后孩子进行接龙，继续边讲边画把故事进行下去；

家庭成员依次进行，直到觉得可以结束故事为止，尽量为故事创作积极和富有意义的结尾来结束。

家庭关系篇

▷游戏解读：

亲子故事接龙游戏适用于从4岁一直到青春早期的孩子。这个游戏能很好地培养孩子的专注力、想象力及语言表达能力，促进家庭成员建立情感联结，改善亲子关系。在故事中爸爸妈妈可以融入想让孩子学习掌握的内容，比如克服困难的主题等。同时对孩子的故事保持好奇地去聆听，也能促进孩子进一步沟通和交流的愿望。爸爸妈妈更可以在孩子的故事中了解到孩子内心世界的真实表达。也鼓励大家尝试用不同的材料进行故事接龙，比如一起写关于玩偶或者废旧图书的插图的故事等，最好能在每周的固定时间全家人一起来进行，这会是一个非常好的改善家庭关系和氛围的活动或仪式。

2. 枕头大战

▷游戏材料：枕头

▷游戏步骤：

全家一起玩是最好的，在家里玩要注意和孩子事先制定一些规则。

首先，父母要选择一个房间或一块地方，里面的东西是不容易被弄坏或打碎的，不太容易发生危险的。因为如果父母没有选择好，玩的时候孩子弄坏了什么，反而会去责怪他，这就不是发泄而是制造了。

其次，可以有一些简单的规则，比如不可以故意打头。

再者，不要在睡前玩，发泄类游戏往往容易兴奋，孩子会很喜欢，不愿意停下来。所以最好的选择是洗漱前1小时左右玩。

虽然是枕头大战，但不一定是用枕头，需要根据孩子的特性来，只要是这种软软的、不会有伤害的东西就可以。因为有的孩子可能会把枕头，或者毛绒玩具看作有生命的东西，是他们的朋友，那就不要用这些东西去玩。

▶游戏解读：

这种发泄类游戏有宣泄情绪的功能，很多和攻击性及力量有关，可以通过一些游戏和动作，帮助孩子将积压在心里的各种复杂情绪释放掉，然后就能够重新应对现实的生活。对于一些小情绪小事件，玩玩这类游戏就能够解决掉。即使没有什么事情发生，偶尔玩玩，也能帮助孩子把一些莫名其妙积压的情绪清理掉。

案例三

案例简介

小花今年9岁，是一位漂亮的女孩，读小学三年级了，家住湖北。小花由爷爷奶奶抚养长大，爸爸妈妈在外地工作，因为疫情的影响，原本答应回来陪伴小花的爸爸妈妈无法回家。小花为此感到极度的失望和愤怒。她哭着给爸爸妈妈打电话，她想问爸爸妈妈为什么他们不能想办法呢？为什么他们不早点回来？为什么不把自己接去？但她又不敢说出口，只是一个人默默地隔着电话哭。爸爸妈妈只好隔着电话安慰小花，也责怪她怎么这么不懂事，让爷爷奶奶担心，告诉她爸爸妈妈不在，外面疫情又这么严重，她更应该懂事照顾爷爷奶奶，不然就不是乖孩子，爸爸妈妈就不爱她了。小花只好挂了电话，抽着鼻涕，把愤怒和伤心咽了回去，她真的害怕爸爸妈妈不爱自己，不喜欢自己了。小花最期待的春节就这样过去了，随着电视里和爷爷奶奶告诉小花的疫情的变化，她也慢慢开始跟着爷爷奶奶紧张了起来。她既担心自己和爷爷奶奶真的安全吗，也担心爸爸妈妈怎么样了。她开始总是坐在电视前看新闻，她想看到爸爸妈妈所在城市的情况。每隔几天爸爸妈妈也会打来视频问问小花的情况，但小花从来不敢把自己内心的紧张和害怕告诉爸爸妈妈，她怕爸爸妈妈批评自己不懂事，怕自己是爸爸妈妈的负担，更怕自己做得不够好，爸爸妈妈就不爱自己了。她每天想着这些，担心和害怕不能跟任何人说，就越来越不爱说话。爷爷奶奶也发现活泼的孙女最近突然安静了，总是有心事的样子，饭也吃得少了。总是问爷爷奶奶消毒好了吗？有没有漏了哪里啊？听网课写作业也总是心不在焉的。爷爷奶奶想让她放松一下，想办法陪她玩，跟她打扑克。她也会说不想打，没什么好玩的，就自己一个人发呆。爷爷奶奶很着急，跟爸爸妈妈说了她的变化。爸爸妈妈心里也跟着着急，但每次电话和视频他们问小花到底怎么了，都看见咬着嘴唇的小花默默低着头不说话，爸爸妈妈陷入了困惑，他们不知道隔着这么远的距离能做点什么，去安慰孩子让她开心起来，他们的内心也陷入了无力和无奈中。

成长经历

小花出生时家庭的经济并不宽裕，小花的爸爸妈妈为了让孩子过上更好的生活，在小花2岁时就外出打工了。爸爸妈妈经过很多年的奋斗已经做到了中层管理岗位，只是工作也越发地忙碌了起来。小花从小跟着爷爷奶奶长大，爷爷奶奶都很爱小花，只要有什么生活上的需要他们都会尽量满足小花，但在小花的心里爷爷奶奶还是无法取代爸爸妈妈的位置。每年的寒假和暑假小花会去爸爸妈妈所在的城市住一两个月，临近开学的时候再回来。小花的爸爸妈妈因为工作忙碌，哪怕在寒暑假和小花相处的时间也不长，他们内心特别希望在有限的时间里用物质的方式弥补对小花陪伴的缺失。每当寒暑假爸爸妈妈就会给小花买各种她喜欢的东西,然后不断地教育小花,回去要好好学习,听爷爷奶奶的话,不然就不接小花过来,也不再给小花买这些东西了,除此之外小花的爸爸妈妈不知道还能用怎样的方式关心孩子的生活。小花和爸爸妈妈相处起来会有些疏远和尴尬,她也很难表达自己内心真实的情感和需要。小花总是在爸爸妈妈面前显得有些小心翼翼,她极力表现着自己懂事优秀的一面,把自己的全部情绪都小心翼翼地藏起来。有时候她也会想爸爸妈妈,这时她就会躲在被子里面偷偷地哭,但每次当她告诉爸爸妈妈自己的情绪,那些难过和害怕的时候,爸爸妈妈总会告诉她乖孩子要坚强,爸爸妈妈不在身边不能给爷爷奶奶增加负担,这个样子爷爷奶奶要生气的,这样有情绪是不乖的表现。久而久之小花也习惯了把自己的情绪隐藏起来,努力地做一个爸爸妈妈眼里的乖孩子。

案例解读

小花在面对疫情时表现出了焦虑、恐惧等负面情绪。疫情等突发的危机事件,常常会给孩子带来生活环境和生活节奏的改变。家长的紧张和焦虑情绪也会传递给孩子,此时孩子产生恐惧和焦虑的情绪是比较常见的情绪反应。在孩子恐惧和焦虑的情绪背后常常隐藏着她们的失控感和无力感。恐惧和焦虑情绪也会激活孩子本能的保护机制,来让孩子调动更多的身体能量关注在怎样让自己避免危险获得生存上,这是孩子内心世界很自然的保护机制。当家长能够理解孩子恐惧和焦虑背后的意义时,也就更能够包容孩子正常的情绪反应,给予孩子支持。而案例的主人公小花的成长经历中缺少了情绪表达的家庭氛围,爷爷奶奶更多给予了小花生活上的关爱,而父母对小花的养育更多的关注在孩子的行为表现上。她周围的养育者都忽视了引导孩子如何合理地表达和管理自己的情绪。当孩子有情绪时,小花的父母更多是站在教育者的角色上,要求小花理解家人的不容易,压抑自己的情绪。长期和小花分离,小花的父母也很难找到途径和小花沟通交流内心的感受。久而久之这样的互动和养育让小花的内心深处害怕表达自己的情绪,因为在她的体验中表达了负面情绪常常就会面对父母的批评和责怪,她认为这种表达本身是不好的和不懂事的表现。甚至可能因为自己的表达丧失父母对她的喜欢和爱,让自己成为一个不被喜欢的被父母抛下的孩子。小花对情绪的压抑,其实给情绪投注了更多的关注和能量,使得恐惧和焦虑情绪进一步持续。强烈的恐惧和焦虑情绪往往会影响孩子的注意力,带来抑郁的情绪体验,也会影响孩子的食欲和睡眠,甚至带来多种多样的身体不适感。

孩子在成长过程中会经历各种负面情绪,家长在家庭教育中也常常会如同小花的父母一样过于关注孩子的成绩和行为表现,而忽略了孩子负面情绪的释放及情绪管理能力的培养。这个案例提示我们,当孩子产生恐惧和焦虑等负面情绪时,一个允许和接纳孩子用合理的方式表达负面情绪的家庭环境对孩子的成长是至关重要的。家长及时的安抚和陪伴,能帮助孩子的内心世界恢复秩序,使孩子重新获得掌控感。在家庭教育中家长也需要帮助孩子理解,情绪如同天空的云朵,会来也会自然消散,而孩子自己才是那片天空,才是情绪的主人。当孩子的负面情绪获得了及时的疏导和释放,孩子内心世界自我调节能力会获得很重要的成长,他们也会学习家长处理自己情绪的方式，去学习管理和调节自己的情绪。这是给孩子生命的最宝贵的礼物！

应对策略

当孩子产生焦虑、恐惧等负面情绪时，家长可以参考下面的游戏，用孩子最容易接受的方式帮助孩子表达负面情绪，缓解孩子的负面情绪。

1. 情绪贴贴贴

➤游戏材料：A4纸，黑色墨水笔或水彩笔、彩色卡纸或蜡光纸

➤游戏步骤：

爸爸妈妈和孩子一起在A4纸上画出一个人形的轮廓，为了增加趣味性可以鼓励孩子将人形轮廓画得更有趣。

准备好一些彩色卡纸或者蜡光纸，也可以事先撕成不同颜色的纸条。

和孩子一起聊聊最近出现的负面情绪，如紧张、焦虑、愤怒等，让孩子选择每种情绪代表的颜色卡纸。如紧张是蓝色、焦虑是紫色、愤怒是红色。

让孩子用手撕下不同颜色纸的一部分，代表不同情绪的形状和大小。并在撕下的纸片后面粘上双面胶。

和孩子一起把代表不同情绪的不同颜色及形状卡纸粘在人形轮廓的不同部位。如红色的愤怒在头顶，因为愤怒的时候头会痛。紫色的焦虑在胸口，焦虑的时候会胸口发闷。

如果孩子此时表现了浓厚的兴趣，爸爸妈妈可以和孩子一起讨论怎样能让这些情绪从人的身体上释放出来，给孩子一些合理的管理和宣泄情绪的策略。

▶游戏解读：

情绪贴贴贴游戏特别适用于当孩子有多种负面情绪无法表达时。特别提示爸爸妈妈要让孩子撕下纸条，因为撕纸的过程本身就是情绪宣泄的过程。这个游戏也很适合作为平常的情绪教育游戏，爸爸妈妈可以和孩子一起探讨合理的情绪管理方式，营造接纳及敢于表达情绪的家庭氛围。对于青春期的孩子这个游戏也很适用，青春期的孩子可以自己独立完成这样的情绪练习，释放负面情绪。

2. 气球放屁

▶游戏材料：气球1~2个

▶游戏步骤：

让孩子把气球吹起来，爸爸妈妈告诉孩子吹气球时想象把愤怒、紧张等负面情绪全都从身体里吹进了气球里。

气球的大小由孩子自己掌控，可让孩子感受把愤怒、紧张等负面情绪吹完为止。

让孩子捏住吹好的气球口，和孩子讨论有哪些方式可以缓解负面情绪，如听音乐、画画等。孩子每说出一条策略就让孩子将吹好的气球放一点气。

最后让气球内剩余一定的空气，和孩子一起放飞这个气球。让气球在屋子里乱飞。

▶游戏解读：

气球放屁游戏是很好的释放负面情绪的游戏活动。在进行游戏的过程中家长可以给孩子讲解压抑负面情绪带来的影响：负面情绪如同气球，如果拼命地将情绪压抑在身体里，就如同一直给气球吹气，最后的结果就是导致气球爆炸，伤害自己和别人。而当我们可以掌握一些合理的释放情绪的策略时，就可以控制负面情绪的力量，重新回归平静的状态。对于年龄较小的孩子，家长也可以和孩子一起用吹泡泡的方式完成这个游戏，让孩子把情绪吹进泡泡里。或者鼓励孩子深呼吸练习怎样吹出更大的泡泡，来帮助孩子放松身心，缓解负面情绪。

案例四

案例简介

小静今年14岁，是一所重点中学初二年级的学生。平常小静住校，由于这次的疫情小静没法回到学校。刚开始的几周小静还觉得挺好的，每天除了学习就是玩手机，和同学线上聊天，压力好像也没那么大。可是随着时间的推移，开学遥遥无期，小静的爸爸妈妈觉得不能让小静这么放纵下去了，他们非常担心小静一直这样会找不回学习的状态，就按照自己的想法给小静制订了严格的学习计划，每天早上喊小静起床，要求小静学习到晚上10点睡觉。因为这样家里的平静也被打破了，小静经常和爸爸妈妈发生争吵，谁都看不惯谁，慢慢地小静就不再和爸爸妈妈说话了，多数时间就自己关在房间里做题。哪怕这样爸爸妈妈也会念她躲在房间玩游戏，生气的小静就会在房间里砸东西，好像只有这样才能释放掉自己的愤怒，让自己平静下来，但这样的结局往往是迎来爸爸妈妈的一顿臭骂。几周过去小静觉得实在受不了了，她只要一看到课本就恶心反胃，她内心多么想把这一切撕碎，再也看不见课本和学习。一天早上，累极了的小静没有听见闹钟响，她想多睡一会儿，结果门外就响起了妈妈的敲门声，妈妈边敲门边不停地念叨：几点了还不起床,你这孩子怎么这么懒啊,你现在就这样放纵自己,开学了可怎么学习。积累了几周的怒火一下子在小静心里点燃了,她忍不住在屋子里大哭了起来,她生气地砸了屋子里的书,然后推开妈妈拿了家里的车钥匙夺门而出,把自己一个人关在了车里。她在车上大哭了起来,她恨这场疫情,让自己不得不每天面对爸爸妈妈的念叨和要求,她也恨自己怎么变成了这样,会大哭砸东西,可是她真的不知道要做些什么让自己控制住情绪平静下来。她也不再想和爸爸妈妈说自己的想法,她认定说了也没有意义,只会得到更多的要求和指责。她就只想把自己关起来,让自己躲在安全的空间里。车外追出来的小静妈妈又担心又生气,她不知道为什么女儿会和之前判若两人,用这么激烈的方式表达自己的情绪;也不明白她们之间的关系怎么变成了这样,连话都说不了几句。自己明明想要孩子有更好的未来,事事为了孩子考虑,为什么孩子收不到这份爱,还埋怨自己呢?每天的相处,现在好像成了亲子关系恶化的导火索。父母究竟要怎么做才能建立和青春期孩子沟通的有效方式,建立和谐的亲子关系,成了很多家长心中的困惑。

成长经历

小静的爸爸妈妈都是教师,小静也一直跟随爸爸妈妈长大,在整个对小静的养育过程中爸爸妈妈并没有让家里的老人帮忙,他们自己全方位地照顾小静,无微不至地呵护她成长。小静是个内向有些胆小的孩子。因为从小到大爸爸妈妈特别重视小静的教育,对小静的要求特别严格。他们期待小静能从小养成好的学习习惯,上一个重点中学,进入重点大学。每天爸爸妈妈都给小静安排得满满当当,她的整个小学阶段几乎没有时间游戏,每天除了完成学校的学习和作业外,爸爸妈妈还给她安排了各种补习班和兴趣班,并且要求小静不管学什么都要认真对待,一定要尽力做到最好。在小静的整个小学阶段她也的确成绩名列前茅。小学低年级的时候小静很听爸爸妈妈的话,因为反抗就会招来一顿教育。随着青春期的到来,小静越发对爸爸妈妈的各种要求不满,她想不明白为什么爸爸妈妈总是跟自己说做得还不够,就是看不到自己的努力呢?她有时候被妈妈唠叨得实在太生气了,就会和妈妈大吵一架冷战几天,每次的结局都是妈妈苦口婆心地劝说都是为你好。小学升初中的时候,爸爸妈妈担心她进入寄宿制中学会管不住自己,放松对自己的学习要求,早早就给她选好了走读的私立学校,不同意她住校。小静在选择学校的问题上非常坚决,坚决要求住校,她心里暗暗在想住校后一周就回家一两天,再也不用天天面对要求和唠叨了。最后爸爸妈妈答应她要是她能考上重点初中就答应她住校。小静为了住校拼命学习,最后靠自己的努力考进了住校的重点初中。她本以为爸爸妈妈会很满意,觉得她了不起,看到她的努力。谁知道爸爸妈妈只是淡淡地说了一句这次考得还可以,不要骄傲,然后就是各种叮嘱她住校也不能放松对自己的学习要求,说她平常就是不自觉,这下一定要严格管理自己。小静很喜欢住校的生活,因为多了空间去自己安排和支配学习和生活。也因为住校她和爸爸妈妈的关系缓和了不少,一周回来的那两天爸爸妈妈好像也把焦点转移到了给她做好吃的,照料她的生活上。一周和爸爸妈妈没见,小静也会想念他们,所以周末一家人难得地会沟通一些学习之外的话题。但当小静无法回到学校而是每天和爸爸妈妈相处时,矛盾就这样被进一步引发了。

案例解读

本案例的主人公小静正好处于青春期,青春期对于父母和孩子来说都是充满挑战与机遇的时期。这个特殊的生命阶段孩子的身心都处于剧烈变化中。青春期孩子的重要议题是如何确立自我感。围绕着这个核心议题,青春期的孩子常常处于矛盾中。他们既渴望独立又期待着父母的理解与支持;既渴望获得如同成年人一样的平等与尊重又害怕独立面对无法承受的困难与危机。小静的父母从小给了小静无微不至的关爱,他们的教养方式更多是权威和控制的。在青春期之前小静的自我意识还没有充分发展,她也习惯了父母对她的安排和照料。但随着青春期的到来,小静开始有了更多自主与独立的需要,而孩子的变化常常会激发父母内心的担忧和焦虑,小静的父母担忧孩子是否能独立做好生活和学习的安排,担忧孩子是否有良好的自我控制能力。当父母处于这样的担忧和焦虑中时,常常会忽视孩子成长与自主的需求,急切地想要更进一步地让孩子接受自己的想法和要求,其实这背后也包含着父母对孩子满满的关心和爱意。但当父母与孩子的沟通方式以要求和指责为主,特别是如果这样的沟通经常以"我为你好"这样的方式开头,更容易激发青春期孩子的不满与反抗,引发孩子强烈的愤怒等负面情绪,这些累积的负面情绪如果得不到疏导和释放,不仅让孩子容易以发脾气等强烈的方式爆发和宣泄,也会伤害亲子关系的亲密。最后也会导致孩子如同小静一样封闭自己,不再和父母沟通与交流,也不再信任父母是可以改变的。面对青春期的孩子,父母首先需要和孩子在一起,充分地理解孩子的情绪。可以告诉孩子爸爸妈妈看到了此刻你很生气,很伤心。对孩子情绪的理解和接纳,能够让青春期的孩子体验到被尊重和接纳，也只有当孩子的情绪获得理解和宣泄，才会愿意和父母更进一步地沟通。父母也需要充分肯定孩子想要自主的愿望，当孩子觉得是完成父母的要求和控制时，是很难平静主动地学习的。如案例中小静的父母如果可以先和孩子讨论想要以怎样的方式安排学习过完假期，耐心地听听孩子的想法，再和孩子讨论可行性和改进的方向，孩子会更愿意接受父母的意见，也会激发孩子学习的主动性。案例中小静的内心深处其实强烈地渴望着父母的认可和信任。青春期的孩子往往比其他阶段的孩子更需要来自父母的肯定与鼓励，当父母把指责和要求，变为肯定孩子的进步与能力，从内心欣赏孩子的成长与变化，孩子也会接收到这份信任，更开放地和父母交流，更积极地向着正向发展努力。理解、尊重、信任与赏识，才是打开青春期亲子沟通之门的关键钥匙。

应对策略

如何缓解青春期孩子的负面情绪，建立良好的亲子沟通渠道？可以按照下面的方式邀请青春期的孩子进行练习：

1. 情绪涂色释放练习

➢游戏材料：A4纸、水彩笔

➢游戏步骤：

邀请孩子想象内心的负面情绪如愤怒和郁闷是什么样子的，比如愤怒像是内心的火焰，郁闷像是一块压在胸口的石头。

让孩子挑选一种自己喜欢的颜色，把情绪的样子画在纸上，如画上火焰或者是石头。在这个过程中可以和孩子讨论这只是个练习，不是画画比赛，没有好坏对错，可以安心地去画。如果孩子觉得没办法具体内心情绪的形状也可以只画简单的线条。

让孩子挑选另外一种她觉得有力量的颜色，横向用力画线条直到覆盖原来的画面，边画边说出心底里的话，如"真是太烦了"，可以说出声音也可以默念。直到孩子觉得说完也画完为止。

做几次深呼吸，想象情绪已经全部释放出来，享受平静的身心状态。

当孩子掌握练习步骤后就可以独立完成这样的练习。

➤游戏解读：

这个绘画练习尤其适合青春期的孩子。因为青春期孩子的情绪起伏往往比较剧烈，但他们很难去和家长直接表达自己的负面情绪。当孩子掌握这样的情绪释放练习活动，可以自己在生活和学习中运用。当感到愤怒、紧张、郁闷等负面情绪无法释放时，都可以自己用这样的练习合理地进行宣泄和释放。这个练习同样也适合小学阶段的孩子，年龄小一些的孩子，家长可以和孩子一起做，作为一个情绪管理游戏来运用。

2. 我信息沟通策略

➤我信息沟通策略是一个与青春期孩子沟通的有效句式，家长在生活中可以参照这样的句式和孩子沟通，有助于建立积极的沟通方式，让孩子更愿意和家长交流。句式如下：

我感到……（家长的情绪），当我看到/听到……（家长描述事实），因为这会……（家长描述可能会造成的结果），我们一起……（家长发出一起解决的邀请）。

➤下面是一个实际运用的例子：

小静因为和爸爸妈妈吵架有很大的情绪，将自己关在车里不肯出来，一个人在车里大哭。

妈妈的一般回应：你怎么这样啊？你看你自己关在车里哭能解决什么问题，你这么发脾气我们不允许，赶紧给我出来……

我信息的沟通：我感觉到很担心和无助，因为妈妈看到你把自己一个人关在车里哭，如果你一直这样把自己关起来妈妈也不知道要怎么陪着你和你在一起，我们可以一起看看怎么能让我们感觉好一些，没有这么生气。

案例五

案例简介

寒含是一个11岁的男孩，他看上去又瘦又小。这次疫情中封闭在家和爸爸、爷爷、奶奶生活在一起。虽然有时觉得无聊，但情绪基本是稳定的。

有一天小区来了一辆救护车，下来了很多穿着隔离服的医护人员和警察，小区业主群炸开了，大家都在讨论××家确诊要去医院隔离治疗的话题……寒含感到非常紧张和害怕，身体开始发抖，胃痛呕吐。接下来的几天里，小寒变得特别不爱说话，总是闷闷不乐的，有时候会莫名其妙地发火，开始失眠，学习也很困难，经常走神，注意力很难集中，没有办法完成作业，还常常一个人暗自流泪……

成长经历

寒含小的时候一直与爸爸妈妈、奶奶爷爷一起生活，爸爸妈妈非常爱他，经常陪他玩。在他5岁的时候妈妈重病身亡。他的爸爸说，妈妈过世后，寒含没有什么特别的变化，他的生活主要由奶奶和爷爷照顾，每天照常去幼儿园，和小朋友玩好像也很开心。

妈妈生病住院期间，寒含的爸爸觉得他还小，很少带他去医院看妈妈。妈妈去世后，爸爸担心他受不了，没有让他参加妈妈的葬礼。并且，他们也很少在孩子面前提起关于妈妈的事情。寒含感觉没能见到妈妈最后一面很悲伤。他非常思念妈妈，晚上常常梦到妈妈，也常常胡思乱想，妈妈是不是没有得到很好的治疗，是不是爸爸他们不舍得花钱给妈妈找最好的医院，他想知道妈妈究竟是怎么死的，但他又不敢问爸爸和奶奶，觉得奶奶那么大年纪带他也很不容易，不能再让奶奶知道他想妈妈，不能让他们伤心，只好把悲伤藏在心底。

案例解读

心理学研究认为，孩子对"死亡"的认知分为三个阶段：

3~5岁的阶段，孩子认为"死亡"就好像睡觉或去很遥远的地方玩一样，所以认为一天当中可能会有多次体验死的感觉，如爸爸去上班了，妈妈不在了。死去者只不过是暂时地离开，并没有完全消失。死去就如同睡觉一样，是生命的中断而不是结束。死去的人可以再回来，这之间并无任何的矛盾可言。一般的情况下，此时期的儿童几乎将死亡看作是生存的一部分，你死掉一会儿，又醒来一会儿，接着又会死掉一会儿。

5~9岁的阶段，孩子已经了解死亡的真正意义，死亡意味着生命的结束。但他们可能不知道这会发生在每一个人身上，尤其是自己的身上。他们关心的是别人的死亡，他到哪里去了？他还能变成什么？他为什么要死？而且有时因为别人的死亡，他们会感到恐惧和不安，尤其是在亲人死亡之后。

9~12岁的阶段，这时期的孩子已经知道死是人一生都不可避免的，在每一个人身上都会发生，其中自然包括自己有一天也会死亡的事实。他们已经开始不再把死亡看成是一种外在力量，而看成是一种生命固有的必然现象。人都会慢慢地变老、生病最后走向死亡。对于一些孩子而言，死亡与黑暗联系在一起，从而具有了某种神秘的色彩。

案例中的寒含5岁的时候妈妈重病离世，这种早期有丧失（亲人、朋友甚至宠物的离世）经历的孩子，他们常常的反应是"我没有事啊，我很好啊"，这只是为了保护自己免于遭受失去的痛苦产生的防御。而后为了不让爸爸、爷爷、奶奶难过，他压抑自己的情绪和对妈妈的思念，导致晚上会做梦梦见妈妈。同时由于压抑，产生各种身心反应，如肚子疼、呕吐、发脾气、退缩、噩梦、异常紧张，等等。关于丧失引发的焦虑，带来的悲伤、愤怒，这些被冻住的情绪爆发了。这次疫情中死亡的事件，激活了他妈妈去世那件似乎久远的事情，那种压倒、摧毁性的感受让他无法承受。

像寒含这样的症状表现，通常都是与亲密的依恋关系中断有关。儿童或青少年面对丧失，有时会满怀已逝父母将会回来的希望，有时只好不情愿地承认他们再也不会回来并且感到悲伤。在某些情况下，他们会对丧失感到愤怒，在另外一些情况下又会感到内疚，会担心还将失去仍然健在的一方父母或其他的养育者，或者担心自己死亡。由于丧失以及对进一步丧失的恐惧，他们总是焦虑，有时固执地做出令人难以理解的行为。这些都对他们的学习生活以及身心健康造成不良的影响。

应对策略

震惊—否认—悲伤—接受是死亡引发的自然情感反应过程。对孩子的心理或性格发展都有非常大的影响，所以家长在处理这种问题时，不要刻意去避免也不要压抑孩子的哀伤，让孩子自然表现出沮丧、气愤、流泪、内疚、反抗等情绪。也不要禁止孩子对死亡产生的怀疑、流泪、发问以及孩子对此提出的不同意见和疑问，父母尊重孩子对死、生意义的不同见解。

这个游戏适用于经历过丧失的儿童或青少年，通过创造性的艺术表达技术，来帮助儿童或青少年用合适的方式觉察和表达自己的情绪、情感，健康地哀悼和纪念丧失的人（或动物）。

➢游戏材料：两种不同颜色的彩纸、笔、剪刀、胶带、胶水和亮片、亮粉等装饰材料

➢游戏步骤：

把右手放在纸上，用笔将右手的形状描下来，然后用剪刀沿着描好的线把它剪下，这样就做出一个右纸手。用同样的方法再做一个左纸手。

在右纸手的手掌，写下关于丧失者的一个记忆。然后在这只纸手的每根手指上写下关于这个记忆的五个感受。

在左纸手的手掌，写下自己在右纸手上写了记忆之后的感受有什么变化。然后在左纸手的手指上写下对左纸手掌所写内容的感受。

把一只纸手竖着对折，写好的文字折在内侧，用胶带把底部粘起来。然后用笔把每根手指向外卷，卷好后，纸手会像开放的鲜花一样，每个花瓣上都写着自己的感受，这就是我们的思念花。

把胶水淋到"花瓣"上，然后撒上金粉、亮片等装饰物粘在花瓣上，让思念花看起来更加美丽。

用同样的方法把另一个纸手也做成美丽的思念花。

➢游戏解读：

这个游戏适合心理年龄2～12岁的儿童；孩子和其他家人一起，每人一周做一次"思念花"，几周后把这些花放在一起，然后把逝者的照片放在花上以表纪念。过程中充满了思念、悲伤、愤怒、委屈、无助、恐惧、内疚、怀疑、不安和焦虑，将对死亡和垂死感到的困惑和担忧都表达出来。我们无法消除孩子所有的焦虑，但是可以帮助他们更好地处理这种情绪，表达对孩子担心的理解，帮他们为烦扰、可怕的事件做好心理准备。

特别提醒：

面对丧亲，成年人常常会有以下几种解释：

1. 把"死亡"编织成一个美丽的童话故事。这样的故事，孩子很容易信以为真地掉进一个幻想的世界里，而将"死亡"残酷的一面忘得干干净净。用这种处理方法可以使孩子永远生活在美好的世界里，将他们永远保护在没有伤痛的世界里。但这绝不是事实或者真相，对于孩子而言，今后他们很可能较难去面对生活真实的一面。

2. 用"去很远的地方旅行了"或"到天上去了"来替代"死亡"的说法。这样的说法孩子比较能接受，可以起到安抚孩子的作用，也因此消除了失去亲人的不安和悲伤。但时间一久孩子就会对死者有抱怨，怎么去那么久？怎么不跟自己说一声就走？从而怀恨在心。

3. 把死比喻成"睡觉"，很多大人都会跟孩子说死亡就是"睡觉，睡好久好久永远都不起来"。这样的描述很容易混淆死亡和睡觉这两个事件，这样的话孩子可能会害怕睡眠，甚至恐惧一睡就会永远都起不来！

　　解释死亡的最好原则就是：简洁、诚实地告诉孩子真相，同时给他们一个充满爱意的拥抱和关切的眼神，孩子会觉得安心。这种方法只有当父母自己接受了生命和死亡的现实时，才是有效的。最重要的是，态度比言语更重要、更有效。如果自身准备不充分，没有把握，可以选择寻找专业人士帮助。

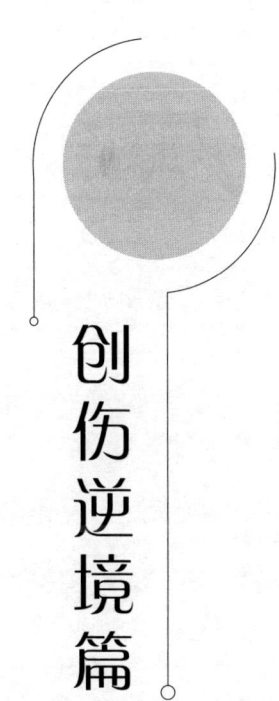

创伤逆境篇

灾难中的孤独与重建连接

唐　可　段涤非

一、无处不在的孤独感："我们是群居生物"

几乎每个人都会在某个时候体会到孤独的感受："大家好像都在忙自己的事情，没有人会注意到我，没有人会约我一起吃饭""即使和别人待在一起，好像我和他们是两个世界的人，我们中间隔着一层透明的墙，无法真正地交流""有时候拿起手机，发现不知道可以找谁说说话，好像对谁都无法开口"……

通信技术在不断发展，除了当面的交流，我们还拥有了更多的方式可以和这个星球上的其他人联系，文字、语音或者视频，等等。但是事实上，我们的孤独感并没有因此而消失。在2018年人民智库的一份关于公众孤独感调查的报告中，大约有18%的人在一周之中"绝大多数时间感觉到孤独"。而孤独不仅会给我们带来心理上的痛苦，还会直接影响到我们的健康，比如会让我们的免疫力下降，增加患癌症的风险。

孤独感并不是现代人的专利。我们的祖先在很早之前就知道与同类一起生活的重要性。因为相较于其他很多动物，我们没有尖牙利爪，也没有足够强壮的身体，能够让我们在自然界当中以个体的方式生存下来。所以我们的远古祖先逐渐学会了利用群体的力量，并适应了这样的生活，使得群居成为我们赖以生存的"能力"。那些完全不希望与其他人有连接的个体，会在自然竞争中被逐渐淘汰。而其余个体，孤独感会成为他们找到一个群体并生存在其中的动力。人类也以这种社会性动物的方式延续下来。

在现代，我们也生活在不同的群体当中，与不同的个体有着连接。但有意思的是，即使我们是人类社会这个大群体中的一员，披着群体的皮囊，似乎保持着群体的一致性，维持着群体的繁荣发展，可皮囊下的我们，也许并没有真正地感受到连接，甚至离自我和他人越来越远，开始感受到孤独。

二、当灾难来临：我们很希望得到陪伴

2020年应当会是人类历史，或者至少是当代历史中被记住的一年。一场突如其来的瘟疫，改变了很多人的生活。在疫情刚开始的时候，很多人并没有意识到自己的生活会受到怎样的影响。但后来发现，我们可能需要在某个地方被隔离；或者需要待在家里，无法回到自己工作的城市；又或者身处疫情风暴的中心，衣食住行都会受到限制；我们不再能够与朋友一起坐在喜欢的餐馆里吃饭，谈论着近况或者分享刚看到的段子……同时，也会有很多情绪产生，我们也可能会焦虑自己是不是染上了病毒，可能会恐惧自己的生命受到威胁，或者是愤怒自己生活的计划被打乱……

"孤独也是疫情中很常见的一种情绪",唐可医生说。他是在医院工作的心理治疗师,也是这次援鄂心理医疗队的队员,在抗疫的前线给予患者和医务人员心理和精神方面的援助。

唐医生说:"隔离隔离,隔开和分离,好像意味着被限制与不自由,甚至得面对一个完全陌生的环境,孤独感可能确实是紧随隔离之后会被体验到的感觉。我在武汉期间,目睹了有的隔离患者,不停地在病房里社交,加病友的微信,和他们聊天;也遇见了出生于1998年的志愿者每天驾着自用车接送医务人员上下班,一是觉得这事儿有意义,另一个重要原因是封城后的二十来天,'在家里整个人都快发霉了,就爱凑个热闹,人多,一个人待着太没劲了。现在能出来跑跑,送送你们,和你们聊天,天天能碰到些人,不管是晚上11点还是凌晨1点我都很愿意来',他和我们这么说。"

"他的没劲似乎与孤独感有关。我们每日上下班路上,有时候会唠唠嗑,从《英雄联盟》谈到'吃鸡',从张国荣谈到周杰伦,多少天下来的共同话题还真不少,而这些仿佛让一群'80后'阿姨叔叔与'98后'间有了连接。最后我们离开武汉之际,小伙子还送了我们每人一本东野圭吾的书,希望我们能够在之后隔离观察的15天里有书作陪,不孤单。"

疫情下的隔离中蕴藏着分离、丧失和孤独。我们日常工作与生活充满了各种人际的连接,我们也不停地应对和处理着外界的各种事情,而这一切都因突如其来的疫情被迫中断,我们不得不花更多的时间与自己的内心独处,孤独感油然而起。发达的通信依然无法完全消除人与人之间内心的距离感,也许也是因为这样,才会有

"爱热闹"的志愿者，病房中的患者才需要不停地社交。

就算没有身处疫情旋涡中的人们，依然可以感受到很多与孤独相关的情形，比如一些人非常渴望可以和平时一样和他们的朋友们一起打麻将。也有小朋友向家长哭诉，问什么时候才能出去和小伙伴一起玩。所以不论是小孩、年轻人、中年人，还是老年人，都会面临孤独，都会在这样的情形下更加渴望陪伴。

"还有很多医护人员也需要陪伴。"唐医生继续我们的话题，"在我们去支援的医院食堂附近，有时候会有几只流浪狗，我就看到很多援鄂的医护人员都很喜欢它们，经常把自己剩下的饭留一点，喂给这些狗狗。也许是觉得在这样的时候多一些陪伴也是好的。我们下班大概是晚上6点，回酒店的路上，我们队5人时常会在附近碰到两三只流浪狗。我们交谈中开始担心，现在武汉全城都封锁了，食品店、餐饮店都关门了，人也不能出来，没人给它们投食了，这群狗狗也在经历一段孤独而艰难的时刻吧。稍加讨论后，我们就决定承担起这个流浪狗投食任务，每日在晚饭后的空余时间，都会把我们盒饭里剩余的肉和饭，拿去楼下喂那些狗狗。赶巧的是，新闻报道里也有类似的内容，比如有关山东医疗队和一只金毛犬的报道。他们在一起待了很多天，人们陪伴狗狗，狗狗也在陪伴他们，彼此间也产生了情感的连接。在医疗队道别那日，医务人员们都对狗狗非常不舍。"

狗狗、猫咪，还有其他很多的宠物，在近些年好像变得流行了。很多人其实都能够从一些动物身上得到陪伴的感觉。比如我自己也养猫，可以体会到在这个世界上有一个小动物和你有着联系的感受。其实在心理咨询师这个团体当中,会有不少人养宠物,以猫和狗居多。或许是因为在一定程度上来说,心理咨询师也是一个比较容易体会到孤独感的行业,和很多自己在家办公的职业一样。特别是一些个人执业的心理咨询师,常常是一个人与来访者见面,一个人整理资料,一个人学习。当然我们也会有很多机会和同行进行讨论或者互动,但是像其他工作那样整天和同事坐在同一间屋子的机会其实很少。所以"有猫率"偏高,养猫会不会是一种处理孤独感的方式?

"其实说起来还是那句话,我们都会在某些情况下,一些时间里体会到孤独。"唐医生说,"尤其是在灾难的背景下。过去建立的稳定的关系,不管与人或者是宠物,或许也会被迫中断,孤独感也会在当中产生。"

三、孤独感的产生:当我们失去了连接

"有的时候,独处并不意味着我们就会体会到孤独感。"

因为很多时候我们也需要自己一个人的空间,我们可以在这里更贴近自己,可以沉浸在自己喜欢的事当中。这好像有些让人疑惑,既然独处并不一定会让人有孤独感,那孤独感又是怎么回事?

"孤独这个词太孤独了,连反义词都没有",在《孤独的反义词》一书中,有这样一句话。很多人都能从这句话中感受到孤独感,它向我们展现了一些孤独的本质,失去了关系和连接。连反义词这样的连接都没有,会让人切实地感受到它的孤独。

还有一个例子:在一堂课上,一位在心理咨询领域工作了30多

年的老师问我们:"爱的对立面是什么?"

是恨吗?有时候我们可能会这么认为。但是爱和恨往往又互相纠缠在一起,几乎所有的情侣都会吵架,都有一些时刻很讨厌,甚至有些恨着对方。所以爱和恨看上去也并没有那么对立。

"爱的对立面,可能是陌生、没有连接",最后这位老师告诉我们他的观点。

即使是对立或者恨的感觉,也是一种连接。比如,有人也可能在赢得了无数荣耀,在各类的竞争中优胜之后,突然感受到一种孤独和空虚。比如,如果孤独这个词有一个固定的反义词,那它也不至于那么孤独。

所以也许当我们失去那些连接的时候,孤独感就会出现。

失去不同类型的连接,都可能会让我们产生孤独感:

有时候失去的是一种与过去生活和环境的连接。比如去到一个陌生环境。

有时候我们失去的是与他人的连接。我们无法和别人待在一起,或者无法互相了解。

有时候失去的是与自己内在的连接。比如长时间隔离自己的情绪。

1. 任何生活的变化,都可能会让我们失去某种连接

"我清晰地记得,第一天到达武汉后,我们驱车赶往驻地,在夜色笼罩的武汉市区里穿行,两边都是高楼嶙峋,极具设计美感的现代化建筑群落,而在如此美丽的城市中穿行了1个多小时,街道上没有看见一个人,整座城市没有发出一丁点声音,格外安静,孤

独。"唐医生说。

"在车上感受着这一切的我和我的队友,仿佛置身于一座空城,好像我们是这座暂停之城中唯一移动之物,感受着一种他和我们的孤独。"

"这种巨大的变化,即使从来没有到过武汉的人也能很快感受到。"

我们很少会意识到,我们平时走在大街上的时候,与整个环境以及其中的人们,也是有着某种连接的。我们会听到汽车开过的声音,那意味着有人在驾驶。我们会听到有人在和商店的老板讨价还价,有人在嬉戏打闹,或者根本也听不清内容,只是感受到嘈杂,那也意味着有人在附近。而当我们不再能够看到街上的人,穿梭在一座空城中时,似乎我们与那个繁荣街道的连接也断开了。

"直到霓虹灯屏幕广告牌打断了我在孤独中的沉思,目光所及的所有的霓虹灯屏幕广告牌上,都滚动播放着:'武汉加油,中国必胜''武汉人民感谢全国的逆行者们';所有屏幕背景都是红色。这些红色倒映在长江和汉江江面,光晕下,整个城市都泛着红光;我深刻地知道,这些红色,是五星红旗的颜色,都是祖国颜色。人处在那种情景里,内心会深深地被震撼,它会让你深刻地懂得,此刻'你的祖国如此需要你,武汉人民如此需要你,而我们,在所不惜'。一种力量、热血从心中涌出,作为一个'80后',出生于和平年代,从小衣食无忧的我们,也许从来没有如此深刻地体验过一次家国情怀。而我那时才猛然意识到原来自己的内心与祖国,有着如此深厚的连接,对她的爱也许远远超过我原以为。"唐医生继续回忆,"也许这种孤独感,让我更加需要一些与他人、与祖国的连接,也更加凸显了这些连接的可贵"。

从平日的生活,进入灾难的中心,这种巨大的陌生感,也带来了巨大的孤独感。其实任何改变,小到搬一次家,即使只是搬到几公里外,大到如这次的瘟疫,又或者其他很正常的人生阶段转变,比如升学、跳槽、结婚,等等,都可能会让我们感受到孤独。因为我们和之前的生活、之前扮演的角色断开了连接,我们也许就会感受到孤独。

2. 当我们失去了与他人的连接

"咨询师在医务人员驻地酒店等待着来访,眼前出现了一位年轻的妹子,她的到来就像一个小太阳靠近。灿烂的笑容,轻松愉悦的语调,一度我在怀疑她是否带着困扰而来,她给人感觉如此开朗乐观外向;了解后,我知道她是第一批奔赴前线的医务工作者,到现在抗疫50多天。咨询之初,她跟我分享了抗疫以来她的工作以及在临床上的一件又一件印象深刻的经历,从最开始自己的慌张失措,到后面慢慢井井有条,从容不迫,工作里面她克服了一个又一个困难,当然,她的独当一面,果敢和坚强获得了同事和病人的认可。"唐医生讲述了另外一个故事。

"慢慢地我们之间的话题转到她的家庭,我这才得知,她的丈夫是同一家医院的医生,也奋战在抗疫一线,和她住同一间酒店,但是这50多天里,他们未曾一次相见,因为怕彼此的接触给对方带来危险;家中3岁的孩子给爷爷奶奶代养,自己不敢和孩子视频,因为害怕看见孩子会让自己忍不住,坚持不下去;只有唯一一次自己偷偷跑回家,远远地偷偷地透过窗户看了下自己3岁的孩子。猛然,我才意识到如太阳一样的她,闪耀光芒温暖他人,自己却是如此孤独。"

无法与生命中重要的人相见,这部分的孤独感,或许是最容易被感受到的。有的情况下,这种连接的断开,是因为现实的原因。我们因为工作职责,因为实实在在的现实因素,无法与对方相见。比如这对医生夫妇,为了保证对方的安全而避免见面。但我想他们的心是可以连接在一起的,这样的时候,即使没有面对面的接触,我们也还可以想一些办法来给予对方支持,比如视频通话。

还有一些与他人连接的断开,有一些更内在的原因,比如这位"小太阳"妈妈,不与孩子联系是因为担心见到孩子会勾起太多的思念和母子分离的痛苦。为了避免各种各样更痛苦的感觉,我们有时宁愿把自己孤立起来。

"我想有时候确实需要一些断开连接之后的间隙来保护我们不被痛苦的感觉淹没,"唐医生说,"或许我们可以做的,是在合适的情形下,去处理和移除这些阻碍连接的部分,比如和恋人、朋友来谈谈这个话题,也可以从专业人员这里得到帮助。"

3. 失去与自己的连接,也是孤独的

唐医生继续讲述与这位"小太阳"的经历:"当有关家庭的话题继续深入时,我没有说太多话,静静地陪伴,不打扰她情绪的宣泄,而她脸上的笑容也慢慢地消失,泪掉落下来。此刻的沉默是因为我深知,聆听的这些许时间也许是这位英雄仅有的可以表达自己脆弱的时刻。"

在那次咨询的最后,她擦拭着眼角的泪水,笑着表达了对咨询师的感谢:"谢谢您,愿意听完我没办法与人分享的故事。"

咨询师也同样感动:"也谢谢您,我才有幸了解这个故事。"

"故事将两人连接,作为一线医务工作者,他们身上承载了很多期待,加上自己对'医护'天职的要求,大部分情况下,他们需要选择孤独,并且忍受孤独。作为一个心理工作者,我内心是复杂的,当人们都驻足祈祷驾着七彩祥云的英雄,我却希望英雄们褪去光芒,恢复肉身的时刻。英雄也好,太阳也罢,他们是孤独的。当英雄恢复肉身时,亲人才能靠近;当太阳暗淡时,繁星也才能围绕身边。"唐医生说。

"如果是你的话会怎么和她工作?"唐医生突然问。

"应该会一样的吧,陪她一起去看看这些无法在当下的情况中展现的部分。"我回答。

故事将两人连接,也重建了这位孤独的医生与"自己"的连接。

因为在这样的时候,她需要的或许不是别人的安慰,而是有一个空间,让她能够讲述,能够连接到自己一直压抑的部分。

连接是双向的,如果只连接到了别人,而忽略了自己,与自己"失联",也会带来孤独感。就像这位医生,她有可能每时每刻都在和不同的人交谈,但是因为现实的原因,无法去关注到自己内心的情绪和想法。尽管出于无奈,但她与自己内在的那些真实存在的部分"失联"了,随之而来的就是孤独的感受。

"在需要照顾别人的人身上可能常会有这样的孤独,"唐医生说,"如果他们一直不允许自己有时间、空间可以连接到自己情绪的部分，这些情绪可能会发酵出孤独感，比如疫情中的医生、警察，或者任何需要去照顾到家人的成年人。"

我们也不希望生活一片繁忙景象，但是却与内心失去了联系。那些被隔离开的部分，它们也会孤独。

"谈起孤独的话，可能有说不完的例子，我们看到的、没有看到的。在灾难中，这整座城市都是悲壮和孤独的，但是一省包一市，似乎让这种孤独感少了那么一些，或许是因为这些支持和力量，也因为我们是相连在一起的。"停了一会儿，唐医生继续说，"当我们面对灾难，这是一种改变，而当我们重新再回到生活中时，也许又是一种改变，可能我们也体会到新的孤独感。"

在灾难的时刻，大家同心同力，努力朝着一个目标努力。我们能体会到和他人、和祖国的连接，也会让大家有力量去应对很多事情。但想想，当我们需要送走一直帮助我们的人，要逐渐放下这种万众一心的气氛和环境，各自回到自己的生活中，努力尝试回到各自的轨道上时，孤独感可能又会出现。

生活虽然逐渐恢复秩序，但也许无法完全恢复到断开之前的样子。但要知道的是，这种失落和孤独感，并不只有你一个人会体会到。重新去看看那些连接断开的地方，尝试重新建立连接，也希望在这条路上我们可以一起前行。

四、应对孤独——如何重建连接

1. 重建与自己的连接

首先，承认孤独感的存在。

之前读到过一句话："在感到孤独这件事上，你并不孤单。"

我想这确实描述了我们的处境。孤独是一种普遍存在的现象，并不是一件羞耻的事情，几乎所有人都在某时某地感受过孤独。

就像其他所有的感受一样，孤独感也并不是只有坏的一面。孤独感也是我们感受的一种。就像是饥饿告诉我们需要补充物质的营养，孤独感则告诉我们需要重新去建立那些断开的连接。

其次，尝试体验和思考这些孤独感。

当你的生活充满了各种各样的事情，每天也会遇到很多人，但孤独感还是常常出现在你的生活当中，有时甚至觉得无法排解的时候，也许需要停下来看一看，这种孤独感是什么？也许它在提醒你，你已经太久没有关注自己的内心，让自己的内心感受到了孤独。尝试去体验、思考你的感受，与你的内心建立连接，在关照它的同时，你也会从中获得力量。

再次，进而尝试着探索自己的内心。

比如这次疫情，它其实也可以是一次机会，我们平时都忙于应对外界的生活、工作种种，注意力也许都被外界牵着。而这次疫情让我们能够长时间地孤独——"独处"，在独处时间里有更多的机会关注到自己内心的感受、想法、体会，也许，孤独也寓意着一种由内向外的探索，当我们开始面对自己的内心，反思，认识，接纳，慢慢地我们知道自己内心想要什么，我们明确自己的方向和生活，不再迷茫，也意味着我拥有了勇敢的心。

2. **重建与他人的连接**

行动起来。

孤独感或许在提醒你，你真的太久没有和他人联络了。对于这些断开的连接，我们也可以尝试行动起来。比如从今天开始，去和一些人交流，问候一下很久没有联系的朋友。或者克服一些困难，参加一些有人际互动的活动（网络互动也是一个选择）。当我们陷入孤独的情绪当中，有时候可能会更倾向于把自己孤立起来。这样的时候，或许有意识地让自己行动起来，开始和他人建立连接会有一些帮助。建立连接的能力有时也像我们的肌肉一样，需要不时地刺激，才能保持活力。

重新审视一下关系中的我们。

有时发现自己很难待在一段关系当中，或者即使在关系当中，我们仍然会感觉到孤独。比如我们对与人在一起会感觉到异常烦躁和恐惧；或者即使我们在物理空间上和他人在一起，但是好像没有人能够真正理解我们的感受，自己也不知道如何去表达。无法被他人理解或者接纳的孤独也是很常见的。

我们无法与他人建立真正的连接，可能是因为在我们的关系模式当中，已经预设了一个不被接纳的自己，以及非常严苛的，甚至是伤害性的他人。我们可能开始对与人在一起感觉到厌恶，或者将别人的一些中性甚至善意的信息加工成对我们的排斥。在这样的情况下，我们更可能感受到深深的不被理解，更倾向于真的把自己孤立起来。

这样的时候，我们或许需要重新审视一下这些关系的模式，以及在关系当中的自己。试着了解我们在什么情况下会孤立自己，或者容易产生被排斥和不被理解的感受，也尝试去辨别那些被我们误解的部分，并做出相应调整。这样我们或许更可能与他人建立有效的连接。

3. 重建与环境的连接

当我们进入一个新的环境或者开始一段新的生活，我们很容易体会到孤独的感受。当身边的一切都变得完全不同，我们可能会体会到怅然若失，体会到孤独感。一些方式其实可以帮助我们更好地适应这样的状况。

我们可以进行一些我们熟悉的活动，比如我们喜欢种植物，那可以尝试在新的情景下也种一些小的植物；如果我们喜欢和朋友一起打球，在新的环境中也可以尝试继续过去的运动。

与新的生活和环境建立连接是一个逐渐发生的过程，所以在新的生活中找到一些与过去相同，或者类似的内容，也许能够帮助我们度过这段重新适应的时期。

当然，如果你发现，在建立这些连接的过程中，遇到了非常大的困难，或者它会给你带来巨大的痛苦，让你不得不退回到自己的痛苦当中，寻求专业的心理咨询或治疗也是能够帮助你打破这种僵局的好方法。

五、后记——唐可援鄂队与"连接"

灾难之下，疫情之中、防护服下、隔离房中、独处、勿接触、勿串门、勿走动。切断彼此的物理与言语连接，再加上工作高压高强度高风险，孤独的高易感性弥漫在援鄂队员群体里面。而它似乎也成为一切情绪和状态起伏的催化剂，但我能感到有一种很稳定的渴望或者说是力量，不管在我还是我的队友身上，都一直持续地存在着。那就是彼此建立连接的渴望——

从最开始，我们就彼此约定执行任务不落单。

从穿脱防护服时,两两成组的联系,互相对看,相互监督,彼此要求都极其严格苛刻,甚至到吹毛求疵。

无论谁工作加班,再晚回到宿舍,在宿舍房间门口的小方桌上,永远有人帮你留了一份饭菜。

被迫分开在隔离病房执行加班任务耽搁,1小时、2小时,总会有你的队友在出口,期待着等待着你。

这种连接就好像我队友之间的对话那样——

"谢谢你。"

"谢什么?"

"所有。"

"有你们真好。"

这种连接感存在于工作与生活中。记得一次,我们小队5个人被迫要拆散,一人负责一层楼隔离病房的心理抚慰工作。中午12点工作结束后,大家会集合。还有一名队员晶未见身影。隔离病房内手机不能带进去,我和另一个队友"67"前往晶负责的病区等待,询问出口处的工作人员,她说没见到我们心理组的老师在里面。我们坚持她在,因此在隔离区出口处等待。

长长的走廊被一个又一个的玻璃区分开来,从里到外依次是隔离病区、缓冲区、潜在污染区、缓冲区。你可以透过玻璃看到里面的隔离病房,我俩就在外面打量,正在排队出来的人,穿着防护服,完全辨识不出来谁是谁,但也许因为足够熟悉,我们当时尝试着通过穿脱防护服的姿势来推断是不是我们队友。一个又一个人,1小时、2小时,大概下午2点,"67"看到一个熟悉的身影,便问我:"您看那个脱帽子的姿势,好像是晶。""是的是的,你看弯腰的姿势,抬手的角度,也一模一样,是她是她。"在晶进入看见我们的距离范围,我俩开始疯狂地对她挥手。

晶终于在旁边院感老师的监督下,一步步稳而慢地出来,看见我俩,晶的第一句话:"不知道怎么的,出来见到你们就好想哭。"

我内心在那刻被触动,但表面依然淡然笑着,与"67"异口同声对晶说道:"走,吃饭。"

这一系列温暖的连接时刻,在我们队友之间发生过很多很多,有时候是不需言语的默契,有时候又是习惯性的动作,而它们总会转换为一股稳定而温暖的力量。

如果把在武汉跟病毒的战斗比喻成一场战役,那这些队友、伙伴,一定是那个在战场上,你可以毫不犹豫将自己后背托付给他们的人。

而这种内心被连接的感觉,会给身处在疫情中,不知道将会面对什么困难的你,带来一种坚定的信念,"不管遇到什么困难,总会有你的队友愿意陪伴着你,等待着你,和你一起去面对,你也许孤单,但你并不孤独"。

同样,也希望这篇文章能够给你一些思路,一些力量,或许能让你开始看到自己的孤独,或许也可以让你去与自己,与他人,与这个世界重建连接。

面对痛苦，你需要一点自我关怀

黄柳玥　迟新丽

　　人生不如意事十之八九，我们难免在生活中遇到一些困难和痛苦，如2020年席卷全球的新冠疫情便给全世界带来了很多的挑战。我们看到了很多的泪水、悲伤、无助、愤怒，也看到了很多的勇气、韧性、毅力和关爱。面对病毒，我们能做的，除了日常的物理防护之外，也需要给我们的心灵做好防护。提升心灵的免疫力，也能帮助我们更好地提升身体的免疫力。我们的身和心之间有着太多千丝万缕的联系。如果我们长期处于负性的情绪，会给身体带来很大的负担。比如当我们感到压力、焦虑或悲伤时，如果仔细感受，身体某些部分可能会觉得闷、紧绷或疼痛等；在遇到一些特别悲伤的事情时，人们常常会有"心痛"的感觉；在面临一些烦恼的事情时，很容易"胸闷""头疼"；对于不幸遭遇重大丧失的人来说，很多人一夜白头。在痛苦面前，好好照料自己的情绪，对于我们的身体健康有着重要的意义。

　　为什么情绪对我们的健康有如此大的影响？我们首先可以了解

一下什么是创伤,以及在遭遇创伤的时候,我们的大脑和身体发生了什么。

在最近对创伤的研究中,创伤一词的涵盖范围更广了,可以分为大创伤和小创伤。大创伤就像《精神疾病诊断与统计手册》(第五版)所定义的那样,让人感觉到非常无助、绝望,生命或身体安全受到严重威胁的事件。也就是当人们听到"创伤"这个词时,通常会想到的战争、地震和严重的虐待和伤害等。这些属于大创伤。

小创伤指的是一些让人感到痛苦的经历,可能超出了我们的应对范围,令我们感到痛苦的事件。这些事件不一定会造成我们生命或身体受伤的结果,但同样令我们感到痛苦甚至绝望,严重地影响我们的生活。这些小创伤可能包括:自己或亲友患重病、失去朋友、感情破裂、法律纠纷、与老板的冲突、财务上的困难、被霸凌、其他人际冲突等。

这不是个完美无瑕的世界,我们一生中总会经历某种小创伤,而负性情绪是随之而来的信使,提醒我们生活中、内心里,有些事情失衡了。我们需要给小创伤同样的重视。容易被忽视的小创伤是具有累积效应的:虽然一个小创伤可能不会导致严重的痛苦,但多种复合性的小创伤,尤其是在很短的时间内,可能导致情绪障碍概率增加。实际上,许多人参加心理咨询的原因就是小创伤过度积累。许多研究人员认为,这是影响心理健康的重要原因。创伤性经历可能与情绪不稳、物质滥用和解离症状有关系。

怎么了解自己有没有被创伤影响呢?可以从以下四个方面来了解:

情绪反应。如悲伤、恐惧、焦虑、愤怒甚至是毒性的羞耻感。

生理反应。如失眠、疲惫、疼痛、食欲减少或暴增等。

思维反应。如不断地反复思考和压力事件相关的事情；有的人有很多自我攻击和评判。

行为反应。如受疫情影响的人们，出门在外不断地喷消毒物品，过于强迫性地反复洗手，反复查看手机等。

在创伤面前，我们的身体就经常陷入"战、逃或僵住"的模式。短期的"战或逃"反应对动物（别忘了，人类也是动物的一种）是有生存意义的，它使我们能对危险信号快速反应。当我们嗅到了危险的气息，交感神经系统会被激活，释放出一些应激激素，比如皮质醇。皮质醇能快速提升血糖的含量，使我们心跳加速，四肢血管的血含量增加。这种应激反应能够使我们对危险做出反应，提高生存的概率。如果这些策略都失败了，我们无法逃避，完全困在其中，我们的身体会为了生存而尽量节省能源，关闭一切非必要的功能，这种状态为"僵住"（或者冻住）。

新冠疫情发生之后，许多医生、病患及家属，甚至是普通大众，在短期会有这些反应，这是正常的。这些反应大多在应激源消失后，会回到正常。当威胁解除后，我们另一个系统——副交感神经系统被激活，帮助身体恢复平衡。健康的人交感神经和副交感神经两个系统是平衡、正常协作的。但是对于有些人来说，由于种种原因（如遭遇的创伤更多，但没有足够的资源、社会支持和有效干预），可能会产生严重的应激症状。在经历创伤后的3天至1个月以内属于急性应激期。在经历创伤后的1个月后，如果仍然有侵入性症状，回避相关记忆、思维或者感觉和认知发生改变，会被考虑创伤后应激障碍（Posttraumatic Stress Disorder）的可能性，也就是我们常说的PTSD。患有PTSD的人，常常有"强烈的害怕、无助或恐慌"的感受，非常敏感，处于一种高度警觉的状态。

对于长期卡在创伤经历里的人，他们不可避免地长期处于超负荷状态，身体的压力激素持续处在较高水平，引发很多慢性健康问题。美国疾病防治中心（CDC）和美国最大的医疗集团凯撒医疗集团（Kaiser Permanente）曾经资助研究者费利蒂（Felitti）博士开展了一项涉及1.7万多人的大型研究。参与者主要是来自美国受过良好教育、有着稳定职业的中产阶级成年人。调查的内容主要涉及童年期创伤（如情感虐待、躯体虐待、性虐待、情感忽视、身体忽视、家庭破裂、家庭暴力、家人有物质成瘾问题或精神疾病等）以及现在的身心健康水平。结果发现，遭遇创伤越多的人，在成年后更容易罹患各种身心疾病：焦虑症、抑郁症、高血压、成瘾行为、心血管疾病、肥胖、性传染病等。还有另外一个令人震惊的结果：儿童期创伤远比想象中普遍——超过一半的人有至少一项的逆境经历，要知道，这个研究被试群体主要是来自中产阶级。在资源更为缺乏的弱势群体里，或许结果更为严峻。

从脑科学的角度来看，创伤会怎么影响我们的大脑呢？科学家们通过核磁共振仪对大脑研究发现，当患有PTSD的人想到创伤事件的时候，大脑负责理性的前额叶活跃程度会下降，而负责恐惧情绪的杏仁核活跃程度会明显上升。说明当他们在想到曾经可怕的经历时，大脑不由自主地被情绪脑占主导，而理性脑掉线了。当情绪脑占主导，而理性脑不在线的时候，我们常常会做出一些过后觉得不太明智的举动。

正如著名的创伤研究专家巴塞尔·范德考克（Bessel Van De Kolk）在《身体从未忘记》一书所述，创伤会在我们的大脑和身体上留下痕迹。我们在意识层面或许忘记了，但我们的身体不会忘记。比如，长期的创伤会带来杏仁核的过度活跃。在边缘系统中，杏仁核与情绪的记忆有关，他们可能对创伤的具体场景记不太清楚，却对创伤场景的一些细节（比如触觉、嗅觉、光线、声音等）记得非常清晰。如果在以后的生活中遇到相似的线索、触发点，负面情绪将再次被唤醒。比如一个小孩子如果在小的时候被父母关过黑屋并受过伤害，在黑暗中就会特别紧张、焦虑，不敢关灯睡觉。如果小时候经常被批评、责骂，则在未来长大了之后，可能对于一些中性的信息也会过度敏感，甚至解读为对自己的否定和指责。遭遇创伤的人，可能感到自己是"破碎的"，有创伤记忆的重现（闪回）。这些重现的记忆，可以是在日常生活中不经意地出现，也可能是以噩梦的形式呈现。很多当事人自身无法用语言表达创伤对他们的影响，他们只是时时感到出现与现实状况不符的被放大的负面情绪，如焦虑、害怕、愤怒、羞耻、负罪感，或者觉得麻木、空虚，甚至会在无意识中重演创伤性经历。他们无法把这些留在过去，他们的大脑似乎以为这些危险还存在于现在。

创伤越严重，大脑的功能受损越严重。有学者对在童年时期长期遭遇严重创伤的人的大脑进行扫描，结果非常令人震惊，也非常叫人心疼：他们大脑的内侧前额叶、前扣带回、脑岛、枕叶部分的活动非常微弱，近乎没有。一种可能的解释是：为了应对创伤，以免自己长期处于巨大恐惧中，这些患者学会将大脑的一部分关闭，以缓解那些随着恐怖而来的情绪和感受。但在日常生活中,这些大脑部位也同样负责产生自我意识,体会关系和联结,喜悦和满足等。结果,为了不要感受太多的痛苦,他们也失去了快乐和生命力。

当然,遭遇到如此巨大不幸的人是少数。但这不意味着我们不该呵护自己心灵受到的小创伤。如最开始所说的,小创伤同样有累积效应。如果我们能很好地面对、梳理、穿越,我们可以获得更多的创伤后成长,这些伤口会结成坚硬的痂,成为我们通往更广阔世界的垫脚石。而如果我们否认、无视、压抑它,它则会成为我们前进路上肩头背负的沉重包袱。那么,我们应该怎么帮助受伤的自己?可以尝试以下方法。

动起来:运动可以帮助我们产生内啡肽(endorphin),改善我们的心情。

不要将自己活成一座孤岛:许多经历创伤的人容易将自己和他人封闭起来,但这会让事情变得更糟。和他人联结可以帮助我们更好地面对痛苦,疗愈伤口。可以向你信任的、爱的人求助。

寻求专业帮助:如果痛苦特别严重,需要去寻求专业的医生和咨询师的帮助。

爱自己:友善、温柔、耐心地关怀自己,就像关怀一个受伤的挚友一样,倾听自己心底的需求。

在突如其来的痛苦面前,人们很容易在心里面指责自己。医护们面对患者的死亡,可能会指责自己,为什么没有做得再好一点;经济遭遇寒冬的企业管理者们,也可能责怪自己为什么没有做好预案;家里有人不幸离世的,可能会恨自己为什么没有再多做一些努力,深深自责;哪怕仅仅是在家里自我隔离的普通民众,也可能因为家庭的矛盾与摩擦，对自己很不满意。这些情绪的出现都是正常的，是以一种特殊的方式为失去的美好而哀悼。但是如果自我批判比较严重的话，我们可能会被后悔、沮丧、悲伤之类的负面情绪淹没，甚至产生毒性的羞耻感。

试想，如果一个孩子受了伤，攻击、斥责、否定他并不能让事情真正变好，也不会让他减少痛苦，只能磨灭掉他对自己和世界的信心和勇气，而信心和勇气，却是将痛苦化为智慧，学习、成长路上必不可少的。评判不能让伤口真正愈合，只会把痛苦压抑下去，而温柔、友善的对待，却能帮助他从痛苦中生发出智慧和力量。

吉尔伯特（Paul Gilbert）提出的情绪调节的三方模型可以更好地帮助我们了解我们的大脑。根据这个模型，我们的大脑里有三个系统：

第一是威胁系统。当我们遇到应激的时候，我们的威胁系统就启动了。这是一个非常古老的系统，就连爬行动物身上也会有，所以也有学者称之为爬行脑。这一系统的最主要特征是战斗、逃跑或者僵住（3F：Fight，Flight or Freeze），当我们遇到危险时，这个古老的系统会尽一切它能做的（但很可惜，这个系统的技能包只有刚刚提到的3F反应），帮助我们生存下去。

第二是成就系统。很多哺乳动物身上会有这样的系统。比如说获得更多的食物、更高社会等级、赞美认可，或是性等。这个系统的特点是需求刺激和获得成就。当获得了成就的时候，我们大脑会分泌一种叫作多巴胺的化学物质，使我们感觉到很兴奋。

第三是关爱系统。灵长类或者高级哺乳动物类会有这样的系统。这包括爱和关怀等，好比我们想要去照顾受伤的孩子，或者当我们看到别人在经历痛苦的时候，我们想要给到他关怀的这种愿望。当我们感到被关爱，与人联结、亲近时，我们会分泌一种叫作催产素的化学物质。催产素这种化学物质听上去似乎是女性特有的，但其实男性身上也会分泌。它能使人放松下来，感到安全和亲密。创伤或是内在的自我评判都会增加皮质醇的分泌，伴随而来应激反应。而催产素恰恰有相反的解毒效果，它能使人平静、温暖、联结。关爱系统的启动，可以帮助我们降低威胁系统的活跃程度，让我们淡定下来。

研究发现，绝大部分的人对待他人比对自己好。我们经常对在挣扎和痛苦中的自己说一些我们永远不会对遇到同样境遇的朋友说的话。如果你能静静观察一下，会发现这些话是有多么狠。严厉的自我批评产生的影响某种程度上好似被他人欺凌。大多数欺凌行为的受害者都想躲起来，远离人群。当我们批评自己时，我们身体的威胁系统和相应的爬行脑会被激活。如果我们感知到了危险，这个系统是最容易也最快被触发的。感知到危险会让我们身体处于应激状态，给身心带来压力，而长期的压力会导致焦虑和抑郁，这就是为什么习惯性的自我批评对情绪和身体健康如此不利。可能第一支箭是外界射向我们的，但接下来的第二第三支甚至更多的箭，却是我们射向我们自己的。因为自我批评，我们既是受害者，也是加害者。

能不能把给到他人的善意，也给一些自己呢？这便是"自我关怀"。自我关怀包含三个要素：

1. 自我友善，温和、友善地对待自己，尤其是在痛苦的时候。
2. 认识到自己的共通人性，或者说认识到所有人都是不完美的，所有人都会经历痛苦。痛苦和脆弱，将人类深深联系在了一起。

3. 静观正念，或保持对经历不带偏见的觉察，即使是那些痛苦的经历，不忽视或夸大它们的影响。

自我关怀对我们的身心有很多的好处。这与哺乳动物的照料系统有关。当我们感到自己不好时，如果能对自己充满关怀，我们会感到安全和被关心，我们心里受伤的部分，在被我们温暖地拥抱着。自我关怀有助于降低威胁反应，并激活关怀系统。催产素和内啡肽被释放，这有助于减少压力，增加安全感。自我关怀使我们能够在痛苦的时候软化自己的心灵，有勇气看看有什么事情是可以改变的，或者接受不能改变的。一个有自我关怀之心的人知道，他们并不是世界上唯一一个感受到这种痛苦的人。我们是人类，而痛苦是人生经历的一部分。

严重的自我评判可能会造成毒性的羞耻感，导致大脑的学习中心关闭，也无法感受到学习和成长所需的资源。羞耻感使我们陷入痛苦—自我评判—羞耻—痛苦的恶性循环，而不是帮助我们形成新的健康行为。而自我关怀，用善良和关怀来回应我们的痛苦，则可以带来巨大的改变的力量。被友善、温暖地对待恰恰加强了我们从错误中吸取教训的能力，提升我们的信心和勇气，使我们更有创造力和智慧。正如创伤治疗专家巴塞尔·范德考克（Bessel Van De Kolk）所说，最好的挫折教育就是爱。告诉孩子他的努力，他的闪光点，他很棒。在一路的成长过程中，总会遇到痛苦、遇到艰难的时刻，但他会深深地相信：我是一个很棒的人。这种温暖、这种信念会伴随、鼓舞着他，在人生的风风雨雨之中。其实，我们的内心深处也住着这么一个孩子，渴望着爱与滋养。

没有人需要一直背负过去的包袱来走未来的路，创伤不需要是一种无期徒刑。目前对创伤的干预有许多有循证支持的疗法可以采用。有趣的是，这些循证疗法，不论名字多么深奥，比如延长暴露（PE）、部分心理学（IFS）、快速眼动脱敏再加工治疗（EMDR）、认知加工治疗（CPT）等，它们发挥疗愈作用时似乎都让我们对自己、对他人和世界有一些新的认识，对自己的痛苦能看见并给予关怀。这些新的见解听起来可能像："我当时已经尽力了""我不会故意伤害任何人""大多数人并不想伤害我""我们天生都是值得被爱的""我本质是好的"。在大多数情况下，有效的创伤后应激障碍治疗，人们最终意识到创伤归根到底不是他们的错，或者至少不完全是他们的过错。当意识到他们不应该受到如此的责备，不该承受所发生的事情，而实际上这个世界大部分时候也都是安全的，他们值得被保护和被爱，产生更多对自己的爱和关怀时，疗愈也就发生了。

许多研究发现，自我关怀能够改善PTSD的症状严重程度。俄罗斯学者霍法特（Hoffart）的研究提出，自我关怀的增加尤其是其中的自我批评部分的减少有助于PTSD症状的缓和。美国学者朱莉安娜·布赖内斯（Juliana Breines）的研究也发现，更善于自我关怀的人，在应激时压力水平比较小。他的研究招募了41个健康的年轻人，参与者连续两天都需要来实验室参加一项应激测试。研究人员分别在基线、30分钟和120分钟测定他们的血浆白介素-6（IL-6，一种与压力有关的致炎因子）浓度。测试结果显示，即使在控制了自尊、抑郁情绪、人口统计学等因素后，自我关怀度高的人，白介素-6水平明显偏低，意味着应激对他们的影响更小。而自我关怀度低的人，第一次测试时的白介素-6水平偏高，第二次测试时的白介素-6水平比第一次还高。这说明，自我关怀度低的人，对应激的负面反应承受能力较弱，应激的持续作用时间长。这一发现刊登在美国《大脑、行为和免疫力》期刊上。研究发现，自我关怀可能作为一种保护因素，提升免疫力，减少应激引起的炎症和相关疾病。相反，如果长期处于应激状态，对身体是有很多伤害的，因为身体一直处于超高负荷的状态，甚至患上免疫系统疾病，对感冒之类的常见流行病的抵抗力也比较弱。

总的来说，能够更好地自我关怀的人有更好的社会联结、情商、幸福感和整体生活满意度。自我关怀也被证明与较少的焦虑、抑郁、羞耻和对失败的恐惧相关。自我关怀能增强情绪恢复能力和心理健康。具体来说，对自己更有关怀心的人不太可能反复纠结在消极的思想中，能够更好地应对负面情绪，因此患抑郁和焦虑的可能性较低。自我关怀的感觉会降低我们的压力荷尔蒙皮质醇的水平，并增加我们的心率变异性，这就意味着我们会感到更平静和安全，变得更加放松，对变化更能灵活应对。自我关怀也让我们变得更能接纳自己，尤其是自己痛苦的、脆弱的部分，变得更真实，并在真实中生出疗愈的智慧、勇气和力量。

但是，对一些人来说善待自己是件很陌生的事，成长的经历，父母的严苛和评判，内化成了他们自己内心的评判之声。他们可能视自我关怀为自己找借口，或自我怜悯。而事实上，自我关怀反而是自怜的解药——自怜令人感到可悲，而自我关怀帮助人认识到每个人的生活都有痛苦。研究表明，自我关怀的人更有可能进行前瞻性思考，而不是沉溺在自己的痛苦之中。他们也不太可能过于思考事情有多糟糕，这也是自我关怀的人心理更健康的原因之一。

有些人害怕自我关怀的原因是，他们觉得自己更需要野心和铁腕，认为这才是成功所需要的品质。但是，自我关怀并不意味着你不应该雄心勃勃，激励自己成功。自我关怀是关于如何对待自己。自我关怀像是好的顾问，带着鼓励、友善与支持，而不是责备、羞辱和批评。就像我们对心爱的家人或朋友一样——带着善良、温暖和尊重。自我关怀也不是自私，自我关怀恰恰很可能使照顾他人的能力增强。如果我们更了解自己身上人类的共通人性，我们彼此息息相关，就更能共情到别人的困境。世界上很多古老的智慧都告诉我们，爱自己是爱别人的开始。

那么我们该如何练习自我关怀呢？以下为大家提供了一些资源作参考。

练习一：即时的自我关怀。本练习改编自克里兹廷·内夫（Kristin Neff）的自我关怀练习。只需要几分钟，可能会带来很大的改变：

首先想象你生命中一个困难的、让你感觉到痛苦的情境。想想这种情况以及它给你的感觉，无论是情感上还是身体上。当你想到了这个场景，并且感受到了相应的情绪，可以轻轻地命名这个情绪，并感受一下情绪在自己身体的哪个部位最明显。可以对自己说：

1. "这是一个痛苦的时刻。"

这将激活静观正念；也可以说"这里在痛"，或者简单的"o"的声音，好似温柔的母亲在抚慰受伤的婴儿。让身体难受、紧绷的部分慢慢放松、软化。

2．"痛苦是生活的一部分。"

这句话有助于你意识到你和地球上所有其他人一样——痛苦是生活中不可避免的一部分。你可以把双手放在你的胸口上，让胸口感受来自你手掌的温度，或者任何你感受到舒服的方式。也可以说，"其他人也会有这样的感受""我不是孤独的"或者"我们都会在自己的生活中感到痛苦"。

3．"愿我善待我自己。"

你也可以用其他的句子更好地表达你当前的情况。可以问问自己，"我现在心里渴望听到些什么？"这些话语可能是：

愿我给予自己需要的关怀。

愿我原谅自己。

愿我能够接纳自己。

愿我坚强。

愿我勇敢。

有的时候，仅仅是真正地看到自己在经历痛苦，一个困难却又正常的人生部分，并且开始学会对自己友善、耐心和接纳，就可以让人松一大口气。如果你找不到合适的语言，想象一下你可能会对一个面临同样困难的好朋友说什么，这会有所帮助。你能跟自己说类似的话，也这么温柔、耐心地对待自己吗？

这个练习可以在一天的任何时候使用。它将帮助你，在你最需要的时候，记住去唤起自我关怀的这三个方面。内夫建议每个人可以设计自己的关怀话语，每当你想要给自己关怀的时候，就默默重复。当强烈的悲伤情绪出现时，它们尤其有用。

刚开始练习自我关怀的时候，有些人可能由于之前的生活经历，很难体验关怀的感觉，或会怀疑自己究竟能不能做得到。现代神经科学告诉我们，我们的大脑是具有可塑性的。哪怕是七八十岁的老头老太太，只要加以训练，大脑的神经回路依旧可以被改变。而你做的每一次练习，就是一次对大脑神经回路的微调。对于那些曾经很少体会过自我关怀的，学习自我关怀就好像学习一门新的语言，学一门爱自己的语言，"语言"的学习需要练习+坚持。神经元们有一个有趣的特征：越用越好用。当同样的大脑回路（一些神经元）反复被激活，大脑就会学会这样的模式并反复出现。例如，如果你曾经总是受惊吓、感到不被需要，你的大脑就会特别擅长感知恐惧和抛弃；而如果现在的你通过自我关怀，逐渐能感受到安全、爱，你的大脑就会慢慢地擅长探索、合作，甚至逐渐提升健康的自尊。正如心理师陈兑所说，健康的自尊在行动上就是自我关怀：在我们感受到自己的不足、缺陷、失败和痛苦后，还能够对自己充满善意、关爱、同情和理解的能力。

自我关怀不一定都需要在一些大事上体现，在日常生活中就可以践行。试着看看，每天在日常生活中我们可以做些什么，来练习我们对自己的关怀和照顾呢？这些关怀和照料可以是一些简单的日常小事，比如晨起慢慢地喝一杯温开水，疲惫时洗个热水澡，等等。

练习二：日常生活中对自己的爱和滋养。以下的表格可以帮助我们总结生活中哪些事情可以帮助我们更好地善待自己。该练习改编自内夫和杰默（Germer）的自我关怀的日常练习。

身体方面
你会怎么在平时善待、照顾自己的身体？（如运动、放松、按摩、洗热水澡等）
___

心理、情绪方面
你会怎么在平时善待、照顾自己的内心？（如阅读、看电影、冥想等）
___

人际关系方面
你会怎么在平时让自己和相处得舒服、快乐的人保持联系？（如与朋友出去玩、打电话等）
___

除此之外，你还希望做些什么来更好地在生活中善待自己，照顾自己，体会爱与滋养？
___

面对痛苦，我们都需要一点自我关怀。而心灵层面的防护也像疫情中戴口罩那样重要。中国每年自杀人数在30万左右，远多于因疫情死亡的人。健康、平衡情绪对健康，甚至对生命都有很重要的影响，而自我关怀又是非常有效的方式和资源。友善地对待自己，关爱自己吧——世界是由无数个小小的我们组成的，我们每个人的健康和幸福，就是世界的健康和幸福。

重建连接——安住于动荡之中的意象引导练习

张沛超

无论你意识到与否,我们正常的生活都是被各种连接所保障的。其中有些我们比较容易留意到,比如一觉醒来我们的家人都安然地在旁边,当我们到公司,遇见的是熟悉的同事,他们会准确地叫出我们的名字……这就是我们所习以为常的连接;也有些连接是我们通常不会刻意留意的,比如我们会非常自然地走路,但是如果某天我们的足部出了点问题,这个时候就会意识到原来我们同身体的部分有着重要的连接。所以我们的生活其实当它运行正常的时候,我们并没有意识到有很多种连接在保障着我们正常的生活。如果你每天可以去上班的话,你不会留意到你跟你的工作有着很深的连接。如果你每天在孩子放学的时候去接他,你也不会觉得跟孩子的这种上学的生活有什么特殊的连接。而当生活中由于发生了或大或小的障碍,甚至是某种程度的灾难,我们就会在连接上出问题。所以重新回到一种健全的生活,就变成了一个重建连接的问题。就像是摆在各位面前的这本书,也是从事心理咨询与治疗工作的各位编著者同各位建立连接的尝试。

　　灾难会带来侵入感，它使得我们正常的生活在方方面面都受到了影响。甚至会产生一种生活断裂感。在这种断裂之中，某些连接似乎没有重连的机会，比如亲友的去世。但并不意味着我们需要与某段富有滋养性的记忆也一刀两断。问题在于很多人为了避免感受到痛苦或者矛盾，就真的用主动断除各种连接的方式来保护自己，事实上这种防御方式带来了更多的麻烦，比如情感的枯竭，僵化的认知，乃至生命活力的丧失。为了能够扭转这个负性的循环，我们希望逐步地重建起这样的连接感。

　　为了说明重建连接对于我们心理的意义，笔者需要先介绍一个"ABCRS模型"。这个模型虽然从一般性的心理咨询与治疗的实践中归纳出来，但也代表了在非常情形下我们的心理规律及心理需求，这就是我们的"重建连接"工程所依赖的理论模型。

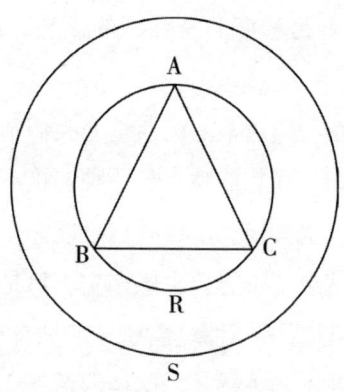

　　上图中的ABCRS分别代表情感（Affection）、行为（Behavior）、认知（Cognition）、关系（Relation）和系统（System）。在一种正常和均衡的生活中，我们的这五个方面都保持着相当程度的稳定

性：我们会有相对稳定的情感、相对规律化的行为、相对恒定的认知系统、相对可靠的关系及相对平衡的系统，也就是一种整体性的体验，包含了以上所有因素。当我们遭遇到逆境或灾难，这些平衡的网络就有可能失衡乃至断裂。那么如果我们要重新建立起一种相对正常的生活体验，我们首先要连接到自己的情感，因为我们的认知和行为的底层还是情感。

究竟未来会怎样？我的事业会不会受到影响？那么孩子的教育会不会受到影响？甚至更糟糕的情况是，如果你在此期间丧失了亲人，或许你也在想念他，你不知道他在另外一个世界里过得怎样，也不知道如何能够连接到他那里。所以这些都带来了非常多的疑问。要解决这个疑问，我们首先从自己的身心状态，也就是身心状态所呈现的情绪方面的面向开始。由于这样的一次疫情使很多人爆发出一些平时不容易感觉得到的情绪。比方说一种惊慌感，比如说一种悲伤感，或者是程度非常强烈的愤怒，或者是很难缓解的绝望感。

由于这些情绪在我们正常的生活里，我们不容易体验得到，所以现在想要整合它们，同它们建立起一种连接不那么容易。因为这些情绪太烫、太重，也太痛，所以我们可能完全没有意识到我们在内心里会推开这些情绪，不想要去感知它。但是这样的一个推开，事实上在我们内心制造了一种疏离感，明明体现在身心的一些情绪，我们想方设法地不要去感受，这样的话其实消耗了我们比较多的能量。因为如果要把这些情绪尽可能地排除到我们意识之外，是需要费一些力气的。这可能会导致一种疲惫的体验乃至耗竭感。我们今天先有这样一个见解，我们要与自己的情绪重新建立连接。

因为如果我们设法把负面情绪排除在意识之外的话，我们其实就把所有的门窗都关闭了。这样一来，我们体验正面和积极轻松情绪的可能性也就没有了。所以我们需要给自己一点时间，稍稍地开一扇窗，体会一下自己的情感。

第二种连接是我们的关系连接。平常我们的生活、我们的人际交往是很丰富的，我们并不是像关禁闭一样，24小时只与家人在一起。我们有自己的工作场所内的交往，也有自己亲密朋友之间的交往。我们可能会约饭、喝咖啡。这些丰富的交往所带来的人际滋养，其实是维护我们正常生活正常心态的保障，但是逆境和灾难会极大地干扰我们的关系网络，所以我们现在需要开始逐步地去恢复他们。当然了，可能由于一种惊慌失措或者惊魂未定感，我们还没能够完全地接纳。所以现在我们在面对他人的时候，可能仍然是小心翼翼的。一来好像一个很亲密的朋友突然也变得生疏起来，原来非常亲密无间的关系就被拉开了一个距离。

所以我们需要开发出一些不一样的方法来重新建立连接，比如我们可以慢慢地拉近距离，这样的话原来使我们的生活得以均衡的关系就逐渐地建立起来。

我们要建立的第三个连接，其实是我们生活的一种整体感。生活的整体感是一种系统层面的感受，系统的完整性和平衡感保障着我们对自身认识的一种整体感，但逆境和灾难会打断这种系统的平衡，比如现在我们生活变得某些地方过多，可能家里的生活过多，而工作空间、休闲空间过少。如果这样的局面持续下去，参考ABCRS模型，如果外在的系统发生了塌陷，那么作为个人的情绪、认识、行为、关系方面都会成为覆巢之下的卵，难以保全。所以重建一种稳定的系统，应该是重建健康的生活的最终目标。

　　这里非常重要的一点是，我相信大家应该能够接纳——无论如何努力，我们现在应该不能恢复以前的那种连续性。如果我们在内心里无法接纳，某一些不好的事情的确发生了，这样的话我们可能就格外难以忍受当下这种不完美。所以一种连续性、一种整体感，我们可以在另外的一种地方重新建立。我们不需要像刻舟求剑一样，当某个东西在一个地方遗失了，我们一定要非常执拗地回到那个地方。其实一切都在变化，我们的心态、我们的信念、我们的关系都在发生变化。所以我们应该随顺这样的一个变化。但是在一个新的场所，重新恢复一种连续性和整体感，我自身而言，这样的工作也是需要花费时间的。但是所幸我们使用各种各样的方法，比方说在平时的生活里，如果我喜欢阅读的话，尽量在一个新的平衡里恢复阅读的习惯。如果在既往的生活里你适应体育锻炼，那么在一个新的平衡位置，如果想要恢复完整感，你应该逐渐地加入体育锻炼这一项。当然，如果在以前的体育锻炼里可能是球类运动，很多人会在一起，可能会有肢体的接触，这并不代表你在当下的生活里一定要迅速完整地恢复那样的运动才能够获得连续感，你可以有替代性的活动。所以想要重新建立连接感，我们需要发挥一点自己的创造力。

　　尽管笔者有以上诸种提议，但并不是说这是一种强制性的要求。因为首先我们要从自己的心里有一个适应，有一个恢复连续的过程，不要急于给自己布置很多任务。哪怕今天对本书的阅读，最好也不要成为任务，因为本书的各个章节是一种同各位建立连接的尝试。这种连接可以先留在那里，等待一个合适的时机慢慢萌芽。

笔者相信重新建立一切的连接，不是我们仍旧要过下去的生活，我想这样的时间单位应该是以年计的，所以大家不要给自己一种很强的迫切感，认为需要迅速恢复正常。

哪怕外界对我们有这样的一种要求，我们也应该在内心里留一个空间，在工作和生活，陪伴家人，履行职责之余，来慢慢地进行这种重新连接的工作。好一点的可能性是，在灾难过后，我们内心某一些部分，它们尽管受到了刺激，变得疼痛，甚至局部产生了伤口，可是当这些伤口愈合之后，一些新的可能性产生了。原来我们对自己不敏感的，逐渐变得敏感起来。原来我们完全忽略自己的情绪和感受，经历了这件事情之后，我们开始关注自己的情绪和感受。

原来我们没有意识到我们是多么适应，多么喜爱自己的家庭，现在我们发现了我们家庭成员的安危，我们家庭成员的平安与否，与我们有着莫大的关系。原来我们可能认为朝九晚五的工作是一件贫乏无聊的事情，被这样的事情所刺激，我们也发现我们同工作的关系，原来也是一种伙伴的，相互成就的关系。所以我们的生命里失去了一种旧的连接，但是增加了一些新的可能性。我们可能结交到了新的朋友，甚至是在网络上的朋友——网友。我们可能甚至会发现给我们送快递的小哥，其实原来也非常值得尊敬，原来他有很多东西，甚至我们可以在他工作不那么忙的时候稍稍地聊一下。

为了整合心理学各个流派的精华，以便使读者在日常生活中也能自助式地重建连接，笔者创作了《庚子平安自在祈请文》，除了自身用于每日练习，也曾在网络空间、医院的病房等处试用过，综合各方面反馈的效果，笔者相信这样的一个祈请文所介导的意象引导练习的确有一种促进连接、保持连接的力量。祈请文中包含了对儒家的核心价值观的信仰，比如对天人合一的倡导，对祖先的重视和生生不息的理念，也包含了对道家核心价值观——"自然"的信仰，以及对于佛教核心价值观——"慈悲"的信仰。

意象练习的引导阶段包含了一些精神分析（Psychoanalysis）和完形疗法（Gestalt Therapy）的元素，按照认知行为疗法（Cognitive-behavioral therapy）的方式整合起来，强调了心理康复中的意象（image）元素，因为以意象引导的练习作为媒介，有直接和快捷的效果。作为一种日常的练习，可以使读者在暂无条件接受专业的心理咨询及治疗的情形下，进行足够有效的自助。这样一来，当负面情绪逐渐涌现的时候，我们如果已经通过充足的练习获得了与内心、与我们的人际，乃至于我们外在的社会、整个宇宙的广泛连接，这其实就形成了一张关系网，既能保护自己也有助于我们帮助他人。以下先介绍祈请文的正文部分。

> 庚子平安自在祈请文
> 礼敬一切教导者
> 礼敬一切觉悟者
> 礼敬一切护佑者
> 礼敬一切救助者
> 愿我心灵获得平静
> 愿我享受舒缓的呼吸
> 愿我无论身在何方不失信念和勇气
> 愿我得以觉照内心的阴霾

愿我再次升起智慧

愿我链接至身心所有的积极力量

愿我链接至世间所有的积极力量

愿我再次回复自在

愿我于自在中链接至生生不息的生命愿力

愿你心灵获得平静

愿你享受舒缓的呼吸

愿你无论身在何方不失信念和勇气

愿你得以觉照内心的阴霾

愿你再次升起智慧

愿你链接至身心所有的积极力量

愿你链接至世间所有的积极力量

愿你再次回复自在

愿你于自在中链接至生生不息的生命愿力

愿这愿力放生那需要放生的

愿这愿力保护那需要保护的

愿这愿力重新使众生回复各自的序位

愿这愿力止息焦灼的欲望与愤懑

愿这愿力催生一切顺缘里的能量

愿这愿力连接一切渴求生存的众生

愿这愿力使众生重新和谐地共存

愿我们在超体里永得自在

愿智慧之光常亮

　　如果你没有很多时间的话，只是读一下，像刚刚一样，你可能就会体验到你的身心发生了一些变化。你把这样的变化记在自己的身心里就可以，当这样的用心朗诵重复多次，你的身心里获得的连接体验就会越发丰富与稳定。如果你在一天当中有一个相对而言不受打扰的时间，我建议接下来你可以以一个更丰富的方式来使用它，也就是意象引导的方式，兹详细介绍如下。

　　祈请文的前四句是"礼敬一切教导者，礼敬一切觉悟者，礼敬一切护佑者，礼敬一切救助者"，我们为什么要以这样的仪式作为意象引导训练的开端？这是因为在以往的生活里，我们是有人教我们一些很重要的东西，带给我们智慧，来保护我们，或者当我们需要的时候来救助我们。当我们在内心里礼敬他们的时候，其实我们就在主动地发起与他们的连接。当我们主动发起连接的时候，我们才能够像是给手机充电一样去主动地充电。尽管外在的电源是有，但如果你不主动充的话还是没有。所以当我们做这四个礼敬的时候，其实也就是在说请像以前一样继续给我充电吧。

　　"礼敬一切教导者"：当我们念诵的时候，我们想象任何曾经教给你有关生活的智慧和技能的人，你在内心里感谢他，并且希望从他那里继续获得教导，哪怕这位教导者已经过世也没有关系，当你内心想要连接到他那里的时候，你内心里所保存的他仍然能够继续给你充电。

　　"礼敬一切觉悟者"：请想象任何致力于探索自然及内心奥秘的人。无论你认识与否，在你的内心里感谢他，为他的努力感到高兴,并且也希望自己能够如此。从小到大,我们身边有很多有智慧的人,由于我们跟他们的关系、跟他们的连接,我们自己也获得了智慧。眼下的生活我们仍然需要获得智慧,怎么办?我们希望他们继续给我们智慧,哪怕他完全不在眼前也没有关系,他在你的内心里仍然可以完成你对他这样的请求。

"礼敬一切护佑者":我们从小到大,如果说没有人保护我们,这是完全不可能的。我们的父母肯定保护过我们,我们的兄长也保护过我们,我们的邻居保护过我们,很多时候警察在默默地保护着我们,还有很多保护我们的人,我们都不知道他的存在。如果我们希望我们的生活被继续保护的话,我们在内心里需要有这样的一个邀请。请想象任何曾经保护你,让你不再恐惧的人,无论是直接的还是间接的,在你的内心里感谢他,并且希望继续获得他的保护。

我有一个来访者,他的保护者是来自动漫里的人物,大家可以想象动漫里的人物能不能保护他呢? 当然可以,如果对他而言的确有保护性的作用,你现在就可以想象是这个人。像小孩子,可能他的保护者就是一个玩具或者公仔,对他而言就具有护佑者的意味。只要对你而言有保护的作用,那么它就是你的电源。

"礼敬一切救助者":救助者是谁?我们的父母会救助我们。救助和保护有类似之处,但又不一样。比如医生就是我们的救助者,从小到大肯定有医生救助过我们。所以请想象任何救助过你,让你免于受伤害的人,无论是直接的还是间接的,在你的内心里感谢他,并且希望继续获得他的救助。

我建议大家在进行这样的观想的时候要"走心"一点。当你走

创伤逆境篇　**197**

心的时候,你就会发现你的身心的确在发生变化。所以我们一开始先完成这几个充电。完成几个充电之后,接下来是广泛地连接到我们的身心。

"愿我心灵获得平静":如果你此刻心情是比较平静的,要完成这样的一个愿望不是很困难。如果你现在的心情特别不平静,我建议你可以多重复几次,给自己一点耐心。比方说你可以对自己说,愿你获得平静,愿你开始尝试休息。我愿和你在一起!这个时候你的心可能本来是在外边,很有可能它在你的手机上,如果你正翻看某一些不好的新闻,你的心就跑到那些新闻上面去了。现在我们把它请回到自己的身体里,并且告诉它我愿意跟你在一起。

"愿我享受舒缓的呼吸":呼吸非常重要,甚至只是觉知呼吸就可以成为调节心理的一个法门。所以请觉知自己的呼吸,你可以把自己的注意力放在鼻孔处,也可以放在你的腹部。这取决于你的习惯。伴随着每一次越来越深的呼吸,你体会到你的整个身体都在呼吸,请留意到你呼吸之间有片刻的平静。但是当你觉知的时候,你发现你的呼吸之间是不平静的,那也没有关系。现在你看到了你的不平静,看到了就好了。

"愿我无论身在何方不失信念和勇气":我们能不能找到一个人是完全没有信念,完全没有勇气的?这是完全不可能的。我相信大家内心肯定有自己的信念,以及自己的勇气时刻,只不过如果你不主动地去与它建立连接的时候,你可能都已经忘了。所以你会误以为自己是一个没有信念和勇气的人。所以现在请我们连接到它们那里去。请想起自己的信念,请想起自己的勇气时刻,并用你的心灵尝试连接至它们。

"愿我得以觉照内心的阴霾"：如果你内心有很多情绪的话，有一个方法就是把它想象成一团又一团的乌云。我有一个烦恼，这个烦恼它就化成了一朵乌云。我发现我还有另外的烦恼。那有第二片乌云，接下来第三片、第四片。当我觉照的时候，就好像乌云的背后有太阳般的光芒！太阳般的光芒是什么？就是智慧，愿我再次升起智慧。请想象你以往有过的智慧，犹如朝阳一般，冉冉地升起，穿云破雾，刚才的阴霾就逐渐地消散。顺利的话真的就可以消散。没那么顺利的话，不要气馁，没关系，保持觉知就可以。

"愿我链接至身心所有的积极力量"：就像是信念和勇气一样，我们的身心里难道没有积极的力量吗？我们只要活到今天，你说自己完全没有，这是肯定不可能的。只不过现在我们需要把它们聚拢起来，请想象你身心所有的积极力量，如同火苗一样相互连接，逐渐成为一个整体。如果你最近在家烧菜的话，打火的时候，燃气灶几个火苗随着火逐渐变大，它们就连成一体了。如果你家燃气灶有三层的话，但这个火足够大，三层都连到一起了。所以现在你内心的积极力量，逐渐链接到它们那里的时候，它们就像是刚刚的燃气灶一样。当然有人做这样的训练的时候，觉得火太大了，那也没有关系，你可以把它调小一点。反正是你的想象，你想多大就多大，以你感觉到舒服为宜。

"愿我链接至世间所有的积极力量"：这个世间难道没有积极的力量吗？这个世间当然有。网络上尽管有很多不好的消息，但是也有很多好的消息，尽管你的内心没那么舒服，可是外边的鸟还在叫，太阳仍然在升起，所有这些都是积极力量，所以我们要主动地链接到它那里。

请想象自己主动地链接到这世间，甚至包含过去、现在和未来所有的积极力量。 未来如果你会成为亿万富翁的话，这也是一种积极力，不是所有人都会这样想的。把这些东西像火光一样融合成一个更大的整体。当你非常走心地完成刚刚的训练的时候，我相信你的身心肯定发生着变化。

"愿我再次回复自在"：请在这样的整体当中，再次回到复原这整体当中的自己，以及自己的方方面面。你可以体会一下更大更强壮的自己，他的情绪、想法、意象、念头是不是在发生变化。

"愿我于自在中链接至生生不息的生命愿力"：这样的表达似乎稍微有点抽象，但我们先不做过多解释，先看看怎么使用它。请想象：地球上出现第一个生命体，大概是30亿年前了，从古至今的祖先们到你连续不断的生命力。这是一个常识，生命力的链条肯定没有中断，如果有一丁点中断，我们就坐不到这儿了！并体会自己与这生命力的连接。你可以把它想象成一个从黑暗当中逐渐发出的光束，穿过一个非常长的时期，通过我们的祖先传递到了这里，这是一个多么大的生命愿力，使得生生不息。它既然生命愿力克服过那么多场灾难，它一定有很大的能量。我们需要去那里充电。

如果我们已经完成了对自己的这种广泛的链接，而感觉到身心舒畅，学有余力的话，请想象一位此刻你需要帮助的对象，可以是你的家人、朋友，或者是网络上需要帮助的人，甚至是出现在你梦中的一个形象，或者是你的宠物也没有关系，或者是你逝去的亲人都可以。

接下来重复刚刚的练习，只不过现在是你协助你想象当中的对方来完成这样的一个充电。愿你心灵获得平静，愿你享受舒缓的呼吸，愿你无论身在何方不失信念和勇气，愿你得以觉照内心的阴霾，愿你再次升起智慧，愿你链接至身心所有的积极力量，愿你链接至世间所有的积极力量，愿你再次回复自在，愿你于自在中链接至生生不息的生命愿力。如果你的确比较有能量，而且也比较有意愿，你甚至可以重复这个过程。可以不止一位，做完一位之后，你感觉到自己的能量电量不但没有减少，还在增加，你可以借机再用它一下，再换一个人。

如果我们和我们想要帮助的人都被链接到这生生不息的生命愿力之后，我们期待这样强大的愿力做更多的事情。

"愿这愿力放生那需要放生的"：提起放生，大家可能都会想起去河里放一点鱼或者乌龟。这里是更抽象的放生。你比方说我们最近一直有一些念头，这些念头困扰着我们：这个事情什么时候才能够过去？我会不会被感染？这个念头就像是某种生命一样，它就被困在我们这里了。你可能会说，怎么是我困着它了，不是它困着我了吗？其实首先是我们困着它了！所以谈到放生的话，这就是我们放生的对象。如果我们的身体某个部位有疼痛，疼痛也可以是放生的对象。如果说你所想要帮助的这个人，他在向你抱怨，他总是做噩梦，这个噩梦也可以是放生的对象。甚至病毒也是我们可以放生的对象，你可以在观想练习内把它放生。请想象这强大的生命力，解除人与人之间，人与自己的负面情绪，一些负面的念头和噩梦之间或者是病毒之间的枷锁，使得这个枷锁相互解开。

"愿这愿力保护那需要保护的"：你看很多人在这个过程当中都需要保护，而我们自己就需要保护。我们有很多个时刻感觉到无助、无望、惴惴不安，我们就希望这样的一种生命愿力来保护我们。我们所饲养的宠物，也可能会感应到它其实也需要保护。请想象着强大的生命力，保护所有处于不安当中的人和动物。

"愿这愿力重新使众生回复各自的序位"：序位很重要，我们白天在工作，我们理应在工作场所，这就是我们的序位，如果回不去，我们就没有在一个合适的序位，这是一种最为常见的序位。

很多人被困在某一个城市，可能直到现在都没有办法回到自己的家，这也是一种序位。甚至连病毒，它也没有回到自己的序位。它一开始其实并不是长在人这里，它也是不小心就闯了个弥天大祸。自然界内的病毒其实原则上来说是无穷无尽，由于它还会不断地发生突变、杂交，像流感病毒就会杂交，所以原则上你永远也无法全歼它们，但是只要它们能够待在属于它们的位置，这样一来我们就也能待在属于我们的位置。请想象着强大的生命力，使得所有迷失了方向，而不得不相互为难的各种生命回到各自的家。

"愿这愿力止息焦灼的欲望与愤懑"：由于我们都没有回到各自的序位，我们肯定都希望尽快回到。当我们没有回到的时候，我们当然就有愤懑。请想象这强大的生命力，如同甘露一般淬灭各种生命的焦虑、怀疑、渴望与愤怒！

"愿这愿力催生一切顺缘里的能量"：我们的生命里既有很多有利于建立连接的，也有很多会毁掉连接的，有利于正常连接的能量，我们期待它们连接到我们这里。所以请想象着强大的生命力，使得一切的生命力都得以唤醒，并且相互连接，形成更强大的力量。

人类之所以相互为难，其实无外乎都是要活下去，大家都想要活下去。其实并不是想要互相伤害，所以只有止息了焦灼的欲望与愤懑，这样一来我们都想好好共存的能量才能被激活。

所以接下来是"愿这愿力连接一切渴求生存的众生"：所有人都想好好活下去，所以本质上他们不应该相互为难，请想象着强大的生命力，使得所有生命以及各自的生命力都链接起来，形成更强大的生命力，愿这愿力使众生重新和谐地共存。当灾难发生之前，我们其实是共存的。当灾难有一天终于过去，地球上仍然是共存的状态，它仍然不是你或者我的天下，甚至也不只是人类的天下。所以我们期待当下一个共存到来之时，它是无比和谐的。请想象这强大的生命力，得以恢复序位的生命们内在和谐，它们之间也是和谐的，它们与万物都和谐共存，所以大家能够看出来，这里头包含了道家的一种自然观。愿我们在超体里永得自在，我们是和谐共存的最大整体。我只能叫它超体，它不仅是宇宙，它不仅是可见的，可能还包含不可见。

所以请安住于这样的状态片刻，充分地享受。就像是你已经做好了一桌菜，现在你需要充分地享受它，并且希望自己能够永远享受这样的自在。你可以在这个环节给自己一点时间，以便使刚刚你所进行的关系所带来的积极的心理效应能够稳定。在积极心理学当中有个词叫作"福流"，或者叫作"心流"，它的英文名叫作Flow。如果你非常用心地使用祈请文的话，你有可能在"愿我们在超体里永得自在"这一句体验到这样的流。如果你有幸体验到，那你好好地享受它，因为它有很神奇的转化性的力量，会让你下次需要它的时候，很及时地就链接到这种熟悉的感受。

最后，"愿智慧之光常亮"。你在这样的一个练习当中，通过与自己的身心、念头、人际以及他人，自己的过去、现在、未来广泛地链接，就升起了智慧。请想象你此刻的状态，如火炬一般明亮，并且与其他火炬相互呼应，形成了整体的光明。你可以用你的身心记住这光明，然后可以放松一下，就可以做其他的事情了。

祈请文本身是"开源"的，你可以灵活地使用。比方说一株绿草、一个嫩芽、一个花朵，或者是星光，你可以任意地按照你所适应的方式来改变，但重点要与我们身体内、心里、人与人之间乃至万物这些积极的力量，重新建立起连接。就像是燕子筑巢一样，它不是突然地就一下子做好的，它要去衔泥，然后一口一口地做出自己的一个窝。我们想要在一个动荡的时代重新拥有一种家的感觉，我们应该像燕子一样去啄泥，然后一丁点一丁点地把自己的新家做好。这样的话我们能够重新开始新的生活，迎接一个新的春夏秋冬。

以上就是对祈请文做的讲解，以及意象引导训练的一个指导语。如果大家一开始没有很多时间，或者对它的内容不熟悉的话，可以只做前边四句，当前边四句熟悉之后，接下来是下边的七句，也就是四加七，然后可以再加七。这样循序渐进，不至于把它变成一个繁重的作业。

我们对自己的照顾是我们照顾家庭，乃至服务于这个世界的前提。而我们重建连接感，拥有安住于动荡之中的勇气和能力则是前提的前提。衷心希望各位读者能从这个练习中获益，并且重启新生活。

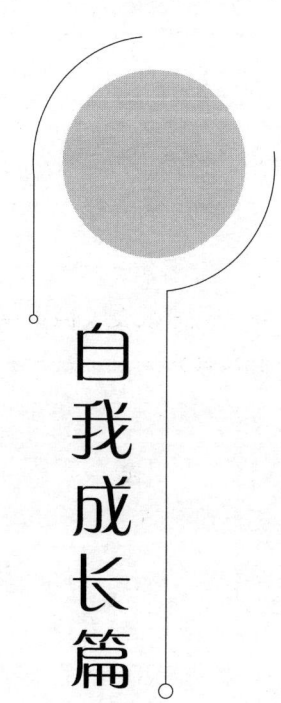

自我成长篇

助人者的自我照顾方法
——基于聚焦技术的身心安宁练习

潘　沫　潘丹丹

一、前言

开篇伊始，我们先对标题所用词语逐个进行解析和界定，帮助大家了解作者在本文中所用重点词汇的语境。

助人者：当今商业社会中，社区内日常生活和工作中发生在彼此间互动往来的关联已经很难清晰区分纯粹单向的助人与受助。助人亦自助，自助即助人，受助促助人，助人得受助，苍穹之下，东西南朔，亘古不变，万物互联。

自我照顾：生命个体得以存活并健康发展，这是一个结果的呈现，但同时更是一个过程的持续进行。人类更是如此，物理生命的活着如果缺少了精神生命和情感生命的运作和参与，就失去了生而为人的真正完整的生命意义。活着，对于一个健康的成年人，不仅意味着各种生理和精神需求的自给自足，还能维持与环境的交互。

作为一个人,体验活着的感觉,需要有创造并感受幸福快乐的能力。在这里,把这种能力称为自我照顾。

聚焦技术:尤金·简德林(Eugene T. Gendin)博士发现,当人们陷入某一个特定的困境中时,通过身体与整体性的情境进行联系所获得的身体性的知晓(体会),将引导人们进入下一步的思维和行动中,这比通过思考所获得的更为宽广和深入。简德林博士发展出来的生命哲学称为聚焦哲学,而聚焦技术是帮助人们以体验过程去探寻如何到达生命下一阶段的一种工具,一门技术,一条道路。

身心安宁练习:本文所提供的练习,缘起于本文作者在心理咨询学习和工作的实践中系统的聚焦训练和长期的聚焦练习带来的获益。专业工作中,聚焦训练帮助咨询师利用自身和来访的身体资源促进与整体最大的亲近;日常生活中,每一个瞬间,每一个情境之下,稳定感和方向性让我们在繁杂喧嚣中免于迷茫和耗竭,始终与自己的心灵在一起,随时从自己的身体中获得休息与滋养,而这一切,可以从这个最简单的练习开始。

二、助人者以及自我照顾

助人者先自助

篇首我们对助人者有一个扩展性的定义,生而为人,无论主动还是被动,最终都在成为助人者。"自助者天助,助人者人助。"这句话的出处已经很难考究,相信不少人在使用助人者和自助这两个词时最容易产生的联想来自"助人自助"。"助人自助"是社会工作的基本原则,作者本人从最初接受心理咨询的训练开始,"助人自助"四个字就在头脑和心灵中不断刻画。执业之初,很认同自己是助人者的角色；年资渐长，更乐于看重工作对象自助能力的增长；随着日积月累的职业浸泡，助人和自助浑然一体，相生相傍。无论是职业定性中自带"助人"角色的社会工作者，还是人际环境中彼此关联所成就的"助人者"，自助的意愿、能力当在首要位置。

助人者的续航力

先说职业性质所界定的助人者，如在社会慈善、社会救助、医疗卫生、残障康复、精神健康等社会服务机构中专门从事社会服务工作的技术人员。以作者本人所从事的心理咨询服务为例，长期以情感体验的方式与精神和情感上备受困扰的来访者工作，不可避免地承受着更多负面情感的压力，更容易遭遇替代性创伤和心理能量的耗竭。助人者自身的心理状况如何在高风险高暴露的工作环境中维持健康水平，不仅是基本的职业要求，更是对自身起码的健康保护。即使从拓展了的人人皆为助人者的角度来说，处在人际关系中的每一个个体，为人父母、为人子女、为人伴侣、为人手足、为人邻里、为人师徒、为人同事、为人同窗……身体和精神健康的稳定态、持续态、流动态为个体和关系提供续航力。

自我照顾的理念

身心作为一个整体，相互影响和呈现，并被环境所塑造，这个在当今心理咨询中越来越受到重视的理论对于东方人来说似乎是自带的"软件"。我们从小所接受的礼仪规矩，所依从的生息节气，所耳濡目染的吃穿讲究，是我们成长的环境，这些环境信息都被写进了身体。我们接触的多位西方正念老师和聚焦老师无一例外都在中国教学时发现，中国学员对身体觉知有先天的领悟能力。当我们与环境和历史、与有形和无形相连接时，我们就是在创造一个自我整合、自我完整、自我疗愈的机会，于其中获得的安宁感，哪怕只是一个短小的片刻，也能使身心得到照顾和滋养。

自我照顾的态度

饿了进食，渴了喝水，累了歇息，困了睡觉，冷了取暖，热了避暑，都是人类乃至动物自然本能的自我照顾行为。一些特殊情形，比如专注投入某个工作（或其他事务）中时，会废寝忘食；某种紧急状况下，动物的战斗逃跑响应发生时，会暂时隔离掉基本的生理需求，直到危机解除，身体对生理需求的觉察和感知力才会同时恢复。由此，不难理解保持觉察是自我照顾的前提，但觉察能力有时候却会被闭锁冻结。满足基本生理需要尚且如此，对无形无实的心理和精神的自我照顾更需要保持觉察。当觉察开放，如何对待浮现、升起、到来的情绪和感受，是需要训练的重要内容，对待的方式也称之为态度。等待、如实、欢迎、友好、允许、接纳、包容、陪伴、非暴力、不对抗，是我们在觉察自己情绪和感受时的基本态度，也是自我照顾的核心关键。

自我照顾的方法

正念、冥想、瑜伽、禅修、内观、气功、站桩、打坐、太极、导引术、易筋经、五禽戏、八段锦、形意拳……越来越多的修行静心养生功法被现代人挖掘、启用、包装，人们像购买商品，像学习知识，企求快速掌握一种方法，获得一种工具，使用一种技能，换取喧嚣世界中片刻的内心宁静。然而，在高风险的资本运作、高竞争的市场经济、高压力的职业环境中，没有任何一个外在的工具可以拯救情感隔离、信任危机、欲望攀升、安全缺失之下的焦虑和迷茫，唯有找回自己、贴近自己、整合自己才能让身心安宁，就如前面的那些功法，本文的身心安宁练习同样不是因方法而方法，为技术而技术，它是一种态度，一个机缘。

三、简要介绍聚焦及其应用

正如在第一部分中所介绍的，本练习缘起于作者在心理咨询学习和工作的实践中系统的聚焦训练和长期的聚焦练习带来的获益。在这里，我们简要地给大家介绍聚焦及其应用。

创始人尤金·简德林

尤金·简德林博士是一位出生于奥地利的美国哲学家和心理学家，他绝无仅有地一生四次获得美国心理协会授予的杰出贡献奖。简德林博士发展了思考及应对生命过程、身体体会和"内隐哲学"的方法，于1978年出版了他的畅销书《聚焦》，提出了一种六步法来探索自己的体会并以此促进个人发展。

聚焦（Focusing）

简德林的聚焦有其复杂而深厚的哲学思想，他最著名的著作《聚焦》是一本指南式的工具书，他化繁为简地对聚焦技术做了最基础的介绍。书中他是这么介绍聚焦的："这项被我们观察到并定义的技能不只是为了解决问题，那些懂得它的人，这项技能变成他们的内在源泉……聚焦能够帮助你发现和改变生命中感到郁闷、狭隘、封闭和迟缓的地方，能够让你发生改变——也能使你不断改变——让你的生活达到一个更为深入的层次而并不仅限于你的思想和情感之中。"

简德林的重要弟子及合作者安·韦泽·康奈尔（Ann Weiser

Cornell）博士对聚焦的定义简明清晰，并且令人向往："聚焦是倾听你身体的过程，是一种温柔的、接纳的和聆听内在自我传送给你信息的方式，聚焦是尊重你内在本自具足的智慧的过程，能觉察到你内在很精微层面借助身体告诉你的洞见。"

聚焦并不是常规的对自我认知重新组装的过程，聚焦不是自我说教与分析的过程，也不只是身体的感受。它是一种指南，更是一门哲学。它将个人看作一个不断向前发展的过程。它所谈论的是身体的智慧，是聚焦的各个步骤和技巧。

聚焦六步

简德林在《聚焦》中把教授聚焦的方法提炼成了六步，聚焦六步因此成为聚焦学习者练习的最基本的方法和主要概念，后来的许多聚焦实践者在他们各自的教学中增增减减创造性地发展了自己的教学方法应用于不同的领域，这一对于创造性的允许也正是聚焦本身的魅力所在。下面是简德林的聚焦六步介绍，系统的学习资源和渠道文末给大家提供介绍。

1. 腾出空间。把所有的问题集中在一起，就像在杂乱的储物间给自己挪出一块空地。为自己营造一个积极的心理环境，调整身心，感受发生了什么，然后问自己："最近的生活怎么样？现在对我来说什么事是最重要的？"只将大大小小主要或次要的问题在脑中罗列出来，并保持一定距离进行觉察。

2. 关于问题的体会。在诸多的问题中，挑一个进行聚焦。默问自己："哪个问题最糟糕、最严重、压抑最大？"不要用头脑分析它，而是退后一步去感受它，感受身心有何反应。然后默问："整个问题给我什么感受？"不要试着用语言回答，只是全面地感受它，好好体验那种模糊的感觉。

3. 获得"把手"。这个模糊的体会有哪些品质？从体会中寻找一个能很好描述它的词语或意象，比如：恐惧、沉重、仿佛来到海边沙滩。注意体会的品质，慢慢感受，直到出现合适的词语。

4. "把手"和体会的交互感应。反复感受体会和出现的词语或意象，感受两者能否产生共鸣，感受身体能否产生某种确定感。允许体会和词语或意象有所变化，反复去感受，直到这个词语恰好能描述这个体会的品质。

5. 叩问。现在进行叩问："究竟是什么问题导致现在的情况？"确定自己再次体会到那种感觉，仔细推敲它，与它待一会儿，"是什么使问题这样的""它想表达什么""这种感觉里包括什么"。温柔地体验体会，直到有一些不同的转化，产生轻松和舒适的感觉。

6. 接纳。悦纳之前的身心变化，友善地迎接转变带来的一切。不管随之而来的是什么，都只是一个改变；它还会继续转化，多待一会儿、多感受一会儿！无论身体是否感受到变化，都没有关系，它会自动出现，我们无须控制，只需欣然接纳！

个人认为，初学者和自学者很难通过阅读理论的自学方式对简德林经典的聚焦六步获得体验，其中"体会"的转化和推进是关键，也是困难，这个关键步骤需要在扎实的结对练习之后才有可能完成一个人的独自聚焦。

本篇的身心安宁练习并非聚焦技术的学习和训练方法，而是一种自助式自我身心照顾的方法，作者在聚焦训练中获益良多，通过对聚焦理论的进一步深入学习和聚焦实践的探索，在取之不尽的聚焦宝藏中,只用其毫厘便可给生活、工作、事业带来诸多启发。本练习正是基于聚焦的学习和实践,作者实践总结出来的一套简便的身心照顾的方法。身体安宁练习,帮助我们更好地与身体互动,与环境互动,与更大的整体互动。只要持之以恒地练习,就可以初步领悟身体中暗含生命前行的智慧,从而形成对日常生活情境的完整体会,面对问题和困难就会有不一样的应对,生命的轨迹也会悄然发生改变。

四、身心安宁练习

什么是身心安宁?

身心安宁是一种放松、安全、踏实、接纳、知晓的状态。既包含身体、思想、情感的,也包含身心整合在一起的整体的,以及身心置于环境之中的,与环境互动的一切形与神的安宁守中。

身体　　如果把身体比喻成我们每个人唯一的永久居所,它是一所我们走到哪儿就跟随到哪儿的移动房屋,是容纳维持我们生命运转的基础设施。这所房屋从新建落成到最后变为废墟回归尘土的使用周期中,作为主人的我们天经地义地占据它使用它,外挡风雨侵蚀、空气污染,内遭负荷超载或供给不足,即使时有损毁、淤积、堵塞,有过加固、养护、修葺,很多时候也是仅仅出于对工具使用价值的物尽其用而进行的修补,我们少有与身体的对话,少有与它的对视,少有静静地和它在一起,感受它、聆听它的安宁时刻。

一天当中,从起床到睡觉,走路、坐着、说话、吃饭、工作,我们或忙碌或懒散,极少去留意身体的状态,它是紧绷的?松弛的?如果感觉到了它的紧张、僵硬、疲劳,会不会去进行调整,让它得到舒缓、伸展、归位？如果有身体上的疾病与伤痛，能够确切地感知到它们的存在吗？在哪个部位，怎样的程度，怎样的体验，以怎样的方式变化和呈现？

对于身体状态的知晓和觉察，需要我们把对外投放的意识收回到身体本身，这一点是身心安宁的基础。

思想 在这里我们把大脑的活动统称为思想，再一并把所思所想所推动的结果——"行动"也归入此项。比起对身体的忽视，看起来思想和行动占据了我们大部分的大脑空间以及清醒状态的时间，并且，身体还需要去执行和完成来自大脑的指令。即便这样，就一定意味着我们真的知道自己正在想什么，知道自己正在做什么吗？就真的意味着思想和行动正在给生命创造意义吗？这样的思想和行动真的就是在朝着幸福的目标靠近吗？如果失去对思想和行动的觉察，活着的这一趟旅程，可能就像一辆无人驾驶的火车，咣咣当当跑了一趟空车，不知所载，不知所终。

如果把思想的内容比作一驾马车，或者一个风筝，意识就像是握着缰绳或牵着线的手，你清楚知道自己正跑在哪一条马路上，要去到哪里，知道用手中的缰绳与马儿互动，知道风的方向，知道风筝在天空的高度。任何的知道，意味着对自己的思想保持着清晰的觉察和知晓，而不是信马由缰，或者像断了线的风筝，不知所以，也不知所终。无论追逐还是放飞，我们始终是自己思想与行动的主人，对自己每一天的生活，每一段的旅程，以至于整个的人生，就有了掌控感、稳定感和延续感。

情感 人是感情的动物，情感的体验使我们的内心变得丰富，生活变得生动，与世界的连接变得紧密。我们对自己的情感有着清晰的觉察，清楚知道此刻内心正在经历和发生着什么，这个傍身智慧需要经过刻意训练才可获得。

在情感的体验里存在着一些误区，比如：丰富的情感体验和这个人很敏感、这个人很情绪化是一回事吗？从容淡定、宁静闲适、遇变不惊是不是意味着情感淡漠、迟钝寡淡？我们知道自己此刻内心是平静的还是紧张的吗？感到了自己正在焦灼不安、提心吊胆，因为担心什么不测而在退缩吗？我们有没有向内看的能力，当愤怒发生时，我们能看到愤怒正在一点点积聚，像巨大的能量充斥着胸膛，如同火山口即将喷射而出的熔浆吗？

我们先来邀请大家花几分钟的时间做一个小小的觉察体验。

对这个邀请我们不需要有任何的压力，没有必须完成的任务，没有统一的标准答案，甚至不需要有任何预设：哪样更好，哪样更正确？我们只需要打开对自己的好奇，找到自然的节奏，跟随下面的引导进入体验中。

1. 安置好身体，闭目合唇，收摄心神，把注意力从外部世界慢慢收回到内在世界。

2. 感觉到自己身体、头脑、情绪都渐渐平稳后，想象眼帘前有一块空白的银幕，你的朋友一个个浮现在这个心幕上……

3. 当一个朋友TA出现在银幕上，先留意一下你的身体的变化，有变换姿势吗？哪怕是微小的变化。只需要去留意你的身体，认出它的状态就可以了。

4. 面部的皮肤和肌肉有感觉到舒展还是有牵动？或者，留意到了任何其他的变化或感受吗？是怎样的呢？如果没有，那就是没有，只需要去留意它。

5. 把意识移动到身体的内部，通常喉咙、胸部和腹部这几个地方容易感受到一些变化，留意气流是否通畅，或者是堵塞憋闷？

6. 身体的温度、心跳的速度，我们都可以去留意它，只需要去留意。

7. 当TA出现时，头脑中有什么想法，或者，是否浮现了某个与TA相处的情境？如果有，知道有这个想法，看到了这个情境就可以了，不用跟随它们展开。

8. 你有留意到TA带给你怎样的心情吗？有什么词可以形容你的感受？……一个朋友从银幕上退去，下一个朋友又会出现在心幕上。

9. 当不再有一个TA自动出现在心幕上时，不用刻意用力去回忆、寻找、挖掘，安静地和自己待一会儿，感受身体内内外外、上上下下的整体，如果又有一个新的TA浮现出来，再去感受第3~8项的身体、想法、心情……

10. 重复第9项，直到心幕回到空白状态。

在还没有正式开始身心安宁练习的学习之前，你的感受可能还没有那么细微，甚至有时候找不到什么明显的身体和情感的感受，这是正常的，不需要给自己任何的压力，即使没有接受系统正式的学习和训练，初次接触对自己身体、情感和想法的觉察练习，只要一步步尝试着按照上面给出的引导步骤进入体验，多少都会获得属于你自己的体会和感受。

进一步体验：完整完成上面10个步骤的体验之后，回顾在这个

自我成长篇 **217**

过程中的感受，是否当不同的TA出现在心幕上时，会带来不同的身体感受，不一样的情境或想法，有不一样的心情？如果你留意到了有这些不同，请找到那个最能给你带来宁静的TA，请你进一步体验，当头脑中浮现出TA时，你的身体、面部、心情是不是感到了放松、舒展、通畅，有一种整体感受到的舒服，这种感受不知不觉让你变得平和安静，愿意TA更长时间停驻在你的心幕上。如果有，这就是初尝身心安宁的感受。

上面的这个体验练习，是一个对自己身体、思想、情感保持觉察的过程示范，我们要获得身心的安宁，首先要培养和训练的就是觉察能力。觉察能力是对自己的状态有所意识的能力，身体、思想和情感三者相互关联，牵一发而动全身。同时，外部客观世界的变化引发内部世界的反应，内心世界的感受又付诸行动。推己及人，对自己的所思所想所感所为了了分明，也更能够理解他人，更好地与人互动并助人。

身心安宁练习的态度

1. 助人者自身内在的态度：面对心灵失去力量、情感处在脆弱中的求助者和受助者，助人者自身得具备稳定的心理能量、足够的内在空间，助人者首先需要有容纳和接受现实生活流转无常和内心情感复杂多变的能力，真实、友好地接纳自己人生中任何的必然和偶然，对自己温柔以待，对自己充满慈悲，以同理性待己。如通常我们看到的，一个懂得爱自己的人，才知道如何爱人，一个浸泡在爱中的人，自然散发出爱的气息。如若心的天气凌厉凛冽阴霾厚重，何来春风化雨云开见月？

2. 助人者传递助人的态度：人与人的工作，首先是人与人的连接，人与人的打开，人与人的信任。换句话说，先有"人"在，才可能产生触及心灵的互动和改变。求助者所受情绪的困扰和情感的痛苦来自内在的体验和感受，助人者既无法帮助移除，也无法替代承受，唯一可以做到的就是陪伴。助人者安住于当下，以临在的陪伴在场，和对方在一起、在这里。安在、接纳、欢迎、打开、好奇、允许的态度是陪伴的品质，由此，更深地进入内在，更近更友好地陪伴自己的体验，在助人者安在的陪伴中学会陪伴自己。

3. 助人者自我照顾的态度：与自己在一起，了解和觉察自己的身心状态及变化，接纳、欢迎真实的体验和感受，并友善地陪伴自己，这种能力需要专门的刻意练习，对这种能力的培养和学习本身就是自我照顾的重要方式。将觉察带到生活中，在真实生活的练习场里时时刻刻进行自我照顾的演练，发展出一个助人者的生活方式。自我照顾是一种生活态度，自我照顾也是一种生活方式，自我照顾更是一种生活智慧。

身心安宁练习的准备

时间 身心安宁既然是回到内在，对身心的接纳和知晓，保持安宁守中的状态，那么就应该是时时刻刻在生活中保持清晰觉察，没有刻意地进入和离开，始终都在觉察中，但这却是长期刻意练习之后才能达到的境界。我们很多时候需要抽出专门的练习时间完成这样的过程，对于助人者来说，可以根据自己的需要安排练习：

- 一天开始的时候
- 一天结束的时候
- 工作的间隙

- 被情绪困扰的时候
- 遇到困难的时候
- 心力耗竭的时候

在练习之初,如果每天能够有一个固定的时间,比如早上起床后,或者晚上睡觉前,抑或工作的间隙,用几分钟的时间,按照练习的引导步骤与自己的身心在一起,这个练习的过程本身就是一种简便易学的自我照顾的方法,待熟练掌握练习的步骤,内化练习提倡的态度后,便可在受情绪困扰,遇到困难的问题,或者心力耗竭之时运用此简单的自我照顾方法达到身心安宁的效果。

地点 只要可以容下一人身躯的方寸之地就可以进行练习,这个练习对地点的唯一要求就是安全,主要指练习者主观感受上的安全,在练习期间不会有外在的因素干扰练习者。练习之初,选择熟悉的、相对安静舒适的地方进行,有助于练习期间更加专注;待熟练掌握练习的步骤之后,为了提升专注力,可以尝试在不同的环境下进行练习,这对加强和提升自我觉察能力十分有益。

身心安宁练习的步骤

身心安宁的练习步骤主要设计目的在于助人者自我照顾的自助之用,同时也可以用于助人者一对一的相互练习,以及助人工作中的个人、团体引导。包含以下六个步骤:

1. 安顿放松 安顿放松是身心安宁练习的首个步骤,这一步就像进入一个活动区域的预备地带,或者说是准备阶段,帮助提示练习者把投向外部的注意力有意识地向内收摄。可以配合一些身体的伸展、拍打、扭动等动作,归顺或者唤醒身体。找到一个舒服的坐姿把身体安顿在座位上，四顾看看周围的环境，感受周围环境的声音、温度、味道，做几个深长的呼吸，跟随气息在身体内的运行，慢慢将目光收向内部，花一点点时间感受自己，直到觉得舒展放松、形正气顺、身心抵达。整个神经系统也镇静下来，做好了对一切事物保持轻柔觉察的准备。

【指引文1】

请先和自己的身体打个招呼，用你的身体喜欢的方式。

你可以轻轻拍打你身体的僵硬、紧绷的部位，看看有没有酸痛、扭曲。也可以顺顺你的四肢，转动你的腰部，再扭扭脖子。

你可以做几个舒服的拉伸动作，感觉关节和筋骨都得到了舒展。

或许，你想用温柔一些的动作，轻轻触抚自己的肌肤，摩挲你的面庞，捋顺你的头发。

你可以打几个夸张的哈欠，或者，不用顾忌地发出一些舒服的声音。

按照自己最自然的方式来，身体在伸展、触碰和抚摸中，仿佛每个细胞都被唤醒和眷顾，都得到了抚慰和舒缓。

在座椅中把身体妥妥地安顿下来，找到舒服的坐姿，让身体感觉到满意和放松。

确认身体找到了最舒服的姿势后，看看上、下、左、右、前、后，四周的环境，感受周围的光线，体感的温度，环境中的声音、味道，感受到在环境中的整体的自己。

随后，可以做几个深长的呼吸，跟随气流进入身体，跟随气息在身体中的运行，感受身体隆起和收缩的部位。

自我成长篇

慢慢将目光向内收回。

感受在这里的整体的自己。

感受与更大的环境相连接的整体的自己。

2. **连接身体** 习惯于思考的头脑,闯入脑海的事物,心中不断生出的心念,就像繁忙道路上来来往往穿梭奔跑的车辆,我们的觉知很容易就搭乘某一辆心念之车,离开当下跑到远方。在这个练习中,我们学习用寻找自身重力的方法,帮助觉知始终与身体保持连接,帮助觉知进入更加深入的内部,充满每一个当下,绵延不断。地心引力带给身体的重力感知无所不在,透过双脚与大地的连接,透过座椅对盆骨的支撑,透过包围着整个身体的空气的压力,全身的觉知在当下时时刻刻都能找到永不断流的源头。

【指引文2】

注意自己的姿势,让自己感到放松,确认自己是放松的。

任何时候都可以调整自己的姿势,只需要在调整姿势时持续保持觉知,保持清醒,了知自己的变化。

双脚平放在椅子前面的地板上,感受到地板对双脚的支撑。你可以尝试改变双脚在地板上施力大小的不同,去感受这个变化。双脚自然地平铺在地板上,感受到地板托住双脚,给双脚形成的支撑。双脚尝试增加一些压向地板的力量,地板对脚底的挤压也会增加。

感受地板的支撑通过脚底传递到脚背、脚踝,经过小腿向上延伸,支撑的力量可能渐渐减弱。

感受坐骨与椅子的接触，感受座椅的硬度，感受座椅对臀部的挤压的力量，这是全身最明显的重力支撑。

有觉察地左右移动坐骨，移动时可以让不受力的一侧轻轻离开椅子，重力全部压向另一侧，从一边换到另一边，或者，缓慢地前后晃动坐骨和骨盆。感受移动带来的重力的变化，去注意这些变化。

感受到腰部由坐骨往上传送的椅子支撑的力量，这个支撑的力量顺着脊椎一直往上攀缘，通过颈椎支撑头部。

身体作为一个整体坐在这里，全然感受脚底板透过鞋底与地板接触的力度与质感，感觉坐骨与椅子表面接触的力度与质感，感受身体如何得到支撑，空气如何围绕着自身。重力在脚下、在坐骨下以显著的方式支撑着身体，重力也从头的上方以及整个身体的四周支持着自己。邀请自己花一些时间，感受这些平时不被身体注意的微妙的支持。

注意身体在感知到这些重力后做出的自然回应，腿更为实在，髋关节也许会更加打开，肩膀、头、胸腔可能会向扩展了的觉察打开，这也是来自重力支持的结果。越来越多的我出现在这里，非常自然地与大地和环境保持着连接。

3. **如实临在** 当意识回到自身后，进一步培养的是保持对一切正在身体里发生和展开的状况的如实觉察和接纳。感受身体本来的样子，感受对身体本来的样子所引起的情绪和想法如实的觉察和接纳。放下不属于此刻身体和感受的其他期待，放下抵抗和拒绝事物原样的企图。只需注意身心的变化，开放对所有发生在当下的如实体验的欢迎和好奇，保持完全的临在与觉察，与这一切相处，与这一切临在中的自己如实相处。是怎样就是怎样，始终保持觉知，以友好的态度陪伴当下的自己，在任何的呈现中安住。

【指引文3】

感受自己是一个完整的整体，知道自己在这里，如实地和自己在一起。

邀请意识对身体做一个快速的扫描，想象有一束光从头顶上方洒下，从上铺展而下，照亮身体表面前后上下每一寸肌肤，透过肌肤点亮身体内部，整个身体经过了意识之光的扫描。

当注意力不被外部事物牵扯的时候，安静下来的神经系统对身体冷热酸胀、紧僵痛麻的各种感受更加敏感精细，平日里容易产生疲劳紧张或者有旧疾的部位，不舒服的感觉更加明显，注意此刻你身体中任何的感受。

身体的感受被感知到了，感受的时候不需要去思考，对这个地方所体验到的一切保持开放，接受正在觉察的感觉，欢迎觉知在现在这个部位安住。

身体是什么感觉，或者没有感觉，都不重要，只要与正在发生的同在，持续回到感受本身，无须去做什么事，只要对感受保持开放。

对所觉察的身体的感受是否有情绪反应升起，是否有抵抗和批评，是否升起了期待，如果觉察到了这些，也允许这些在觉察中发生，只需要再回到身体，把意识带到下一个部位。

注意觉察移动的过程，是否有任何的想法升起，是否有念头跑来跑去,是否开始产生了对自己的评价或批评。你注意到了所有正在发生的这些,这就是你的心此刻的样子,这就是正在培养的觉察力,只需要对它保持完全的开放和允许,然后再将注意力轻柔地带回到正在觉察的身体。

邀请意识之光再次照亮整个身体,在宁静和如实里安住,一个被觉察到的由表及里的完整和清晰的自己,就是它本来就有的真实的样子,对它的允许和接纳,对它的欢迎和好奇,本身就是一种深刻的疗愈。

4. 倾听内在　始终保持与身体的连接,以平和的心态倾听内在的感受,问自己感觉好不好,是什么在困扰自己,目前困扰你的问题带给你怎样的感受。感受的时候不需要去思考,对所体验到的一切保持开放,对感受保持开放。利用聚焦技术中腾出空间的方法,想象着把这些问题移出你的身体,与它们保持一定的距离。经过整理腾空后获得了有空间感的内在世界,在移出了带给你糟糕感觉的问题和困扰不安的情绪后,感受心中轻松自在的感觉,并安住在这种内在的安宁感受中。

【指引文4】

这是一个和自己在一起的时间,一个给自己关注的时间,一个倾听自己的时间,邀请注意力对一切正在身体里展开和发生的,如实地觉察,允许它就是它本来的样子。

保持平和的心态,问自己感觉好不好?不好的那一部分感觉是什么?带给你怎样的困扰?

自我成长篇

允许任何的内容涌现出来，当有一个问题出现时，不需要思考，保持对这个体验的开放，花一点时间感知一下身体承载这个问题的感觉。

想象把这个问题移出你的身体，放在一个与你有一定距离的地方。你可以感受一下，你希望这个问题离你近一些，还是远一些？你希望看到它在你的视线范围内，还是完全不要见到它？放好后，你可以再感觉一下，不合适就可以重新再放，直到你觉得合适了。

再一次回到内在，继续去感受有什么困扰你、阻碍你获得安宁和平静，当又有一个问题出现时，花一些时间去感知它带给你的感受，然后想象把这个问题连同它带来的感受一同移出身体，与它保持距离。

注意力再回到内在，重复上面的过程，直到出现的"问题"都被一一放到身体之外，内在有越来越多的空间，不再有"问题"出来。在这个腾空了的内在空间里待一会儿，去感受在这个空间里是否觉得放松和安心了，如果不再有"问题"浮现，但仍然还有一种看不见也摸不着，似乎是长久伴随的感觉，比如不安、低落，像弥漫在空中的某种味道的感觉驱之不散，你也可以想象有某种魔法的存在，暂时把它们收进一个宝瓶中，把这个宝瓶也放到身体外面。

在整理好了的空间里，感受安心和安宁带给你的宁静，在心的宁静中获得滋养。

5. **安宁自在** "全然安宁"是每个人内在世界中都本然具有的一种状态、一片天地，只不过随着时间的积累，天长日久就被问题和情绪严严实实地遮挡覆盖。每个人心中的这片安宁祥和之地都有它自己的样子,想象你的"全然安宁"的模样。花一些时间,在"全然安宁"中感受身心的舒畅,在安心安全的时空中安住,沐浴舒缓清新的呼吸,徜徉在自在宁静之中,滋养的心灵连接上生命的智慧和能量。

【指引文5】

将注意力转向内在,邀请自己去想象有那么一个"全然安宁"的所在,在"全然安宁"之中,感受自己整体的感觉。

现在,你可以把这个"全然安宁"的所在尽量描述出来,它是一个地方吗?是你记忆中的地方?想象中的地方?向往的地方?这个地方像一幅画,在你的头脑中,仿佛就在眼前,此刻好像置身其中,沉浸其中,徜徉其中……

保持在这个"全然安宁"中打开你的体验,描述这个所在,它的环境,它的氛围,它的色彩,它的光线,它的声音,它的空气,它的味道,它那些看不见的,那些存在其中的,它的样子。在其中的你是怎样的?你的身体有什么感觉?你的心情怎样?它不一定是某个精确的样子,它可能是很丰富的体验,把你感受到的不同的点都可以描述出来。

或者,这种"全然安宁"它是一个情境,是你想要的样子,是你希望拥有的状态,在这种"全然安宁"中,你感觉到了什么?你发现了什么?你似乎找到了你想要的,那是什么?

继续待在属于你的"全然安宁"之中,进入更深的享受和静默,沐浴在全然安宁带来的完整感中,这是一个属于你自己的时间和空间,这是一个自我滋养的时间,在深深的安宁之中获得疗愈。

6. 唤醒智慧 打开后的身体更加放松和顺畅，安宁自在的心灵得到了滋养，这是松开了压力和困扰后的身心整体的状态。生命本自具足的智慧在身体中苏醒，苏醒的智慧用一种整体性的方式修复受损的机体，一种被意识和身体整合了的疗愈在悄然发生。这个自然呈现的结果是整个身心安宁练习全部过程的到达之地，从安顿身体出发，以中立、友好、欢迎、好奇的态度向内觉知，始终保持与身体的连接，置于与更大环境的连接之中，腾出空间、倾听感受，在"全然安宁"中滋养身心，最终获得生命以成熟、柔软、纯净、睿智的方式赐予的智慧。

【指引文6】

经过前面的几个阶段，你一步步走来，安顿身心，更友好、温柔地照顾自己。深深地扎根大地，与环境连接，始终保持着对身体的觉知，你与自己更近地在一起。接纳任何发生和展开的一切，身体、想法和感受都如实地呈现，放下评判，以中立、好奇、欢迎的态度陪伴自己。

这一段与自己相处的时间里，你倾听自己内在的声音和需求，学会了把困扰自己的问题暂时移出身体，与它们保持距离，为自己的内在腾出了宝贵的空间，你学会了爱自己的宝贵品质，你给予了自己最珍贵的礼物。在这个空间里，你创造了机会，让属于你的全然安宁之地迎来了它尊贵的主人。

这样的你，安静地和自己在一起，你从全然的安宁中沐浴而出，生命机体焕发出全新的活力，纯粹、清新、柔软、坚实、温暖、睿智，你携带着满满的生命能量，带着与环境深深的连接，带着来自大地的稳稳的支持，带着涓涓流淌的感激之心，整合进持续保持着的觉知，进入生命向前的方向。

你找到了疗愈自己的空间，你拥有了和自己在一起的经验，你的全然安宁之地时时刻刻都欢迎它的主人，在你疲劳的时候，在你需要安静的时候，在你爱自己的时候，都欢迎回到这里。

接下来的时间，你可以随着你自己的心意，在这里休息，听从你身体的意愿，给自己所有的允许和信任。

身心安宁练习的作用

最后，我们还是要回到简德林的聚焦思想——生命自觉之道。"身体知道疗愈及生命的方向……如果你通过聚焦去倾听身体，它将会告诉你生命正确方向的途径。"身体早已超越了语言文化所赋予我们的，它比我们现有的存在与我们理所当然认为的知道更多，身体比思维更为宽广和智慧地知道我们所处的每一个情境，而且暗含着进一步的答案。

在这个练习里，我们没有做更多的改变，没有战斗和抵抗，只是在疲劳和耗竭时，我们懂得停下来，安顿好身体，真正地倾听内在，给它一个空间，它便还给你智慧和活力。有时我们会觉得自己的生活毫无希望，而且深陷痛苦之中，但即使在最绝望、烦恼、压力、焦虑的情绪状态里，仍然有着简德林所说的"生命前行的方向"。生命一直处于前行的过程中，生命是一个不断前行的运动。当我们放松身体并进入内在连接时，便能感觉到身体带来的前行的移动。

五、资源和路径

1．练习方法

不需要每一次都完成从"指引文1"到"指引文6"全部6个步骤的练习。根据你的时间和身体状态自行决定,时间多就多练几个步骤,时间少就少练几个步骤,中间在任何一个步骤结束练习都是安全的。一次练习不用完成全部的步骤,但是从1到6的步骤建议按照顺序依次下来,每一个步骤是由上一个步骤发展而来的,每次练习也必须从第1步开始,不限定的只是结束练习的地方,如果时间充分还是希望完成所有的步骤。每一步练习的时间不定,可以尝试找到自己的节奏。

2．练习形式

个人自助练习:在练习之初,可以自己先按照引导文录音,在练习时根据录音中的练习步骤进行。

双人结对练习:一个人按照引导文念诵,另一个人进入练习。轮换角色,练习结束后的分享也可以获得更多帮助,相互的支持也能让练习更能坚持。

小组带领练习:熟练之后,可以在小组中带领组员练习。

3．聚焦学习资源

国内出版的中文书籍:

(1)简德林著,王一甫译:《聚焦"心理"生命自觉之道》,东方出版中心2009年版。

(2)Purton著,罗希译:《聚焦取向的心理治疗》,中国轻工业出版社2010年版。

（3）Cornell著，吉莉译：《聚焦在心理治疗中的运用》，中国轻工业出版社2013年版。

（4）池见阳著，李明译：《倾听感觉说话的更新换代：心理治疗中的聚焦取向》，中国轻工业出版社2017年版。

（5）吉良安之著，李明译：《助人者的自我疗愈：治疗师聚焦》，上海社会科学院出版社2019年版。

（6）Rappaport著，叶文瑜译：《聚焦取向艺术治疗》，中国轻工业出版社2019年版。

聚焦网站：

中国聚焦官网http：//www.focusingchina.org

国际聚焦协会官网 https：//focusing.org

权威微信公众号：

Focusing体验频道

李明聚焦空间

臻于化境，安心随处
——绘画心理治疗的基础与实践

杨醉文

"绘画疗法是心理艺术治疗的方法之一，是让绘画者通过绘画的创作过程，利用非言语工具，将潜意识内压抑的感情与冲突呈现出来，并且在绘画的过程中获得疏解与满足，从而达到诊断与治疗的良好效果。无论是成年和儿童都可在方寸之间呈现完整的表现，又可以在'欣赏自己'的过程中满足心理需求。"这是一种对绘画心理治疗比较官方的定义，我在自己体会和使用这门技术的时候，面对这样的文字材料，其实是充满困惑的，我只知道结果有用，但是不知道在这个过程中到底发生了什么，不明白为什么要这样而不是那样。我一边使用着，一边摸索着，借此机会写下我对绘画心理治疗这个庞大板块中的主要经验。本文没有引用具体的文献，我想从我自己的感觉出发，去表达自己在这个过程当中的所思所感，它是一门相当实用的工具，尤其是在感受到压力，进行情绪调整或者是自我探索的领域中，在无法进行真实的人际互动的时刻，它能与心灵一起，陪伴内心的方方面面。此文中有对基本过程的介绍和理解，也有我和我的学生在实践中反复确定过行之有效的训练方法，感谢我的来访者A女士授权给我展示了一段治疗过程，感谢我的前辈杨丽纯老师，她在龚耀先先生的带领下在20世纪80年代初对多个量表进行了本土化的常模修订，是她把洛夏墨迹测验这个接力棒传递给我，并深深地影响了我；感谢我的美术老师Freya帮助我去深入"艺术"的世界，此文中多张配图为她所画；感谢两位给我很多指引的老师陈灿锐和张沛超，深厚的心理治疗功底让我逐渐领悟到形式之下的内涵，而不只是"画画"而已。

一、为什么绘画工具首推铅笔

当手握着一支铅笔，感觉到它的质感很轻，木制的笔杆上有熟悉的漆色，用点力去掐一下会留下淡淡的痕迹，如果抠一抠，还能掉下一小块一小块的漆片，露出里面的原木色来。有些铅笔的尾端会带有一个红色、黑色或者白色的橡皮擦，擦起来的碎末特别明显且擦不干净，容易在纸上留下橡皮擦本身颜色的痕迹，显得脏脏的旧旧的；有些人会不由自主地想去咬一咬它，说不上为什么，很自然地出现了想咬它的想法；然后当铅笔凑近的时候，会闻到一种气息，类似雨后森林里湿润的草木气息，它经历了83道工序，107种原料，11天的诞生周期后仍然保留了自然的呼吸，每一支原木铅笔都在吐纳清新木质淡香水的气味，没有例外。

这种木头的气味甚至口感，在铅笔成为文具之前就存在了，小孩子在茂盛的或者是枯萎的森林、灌木丛、草地里踩下脚印，使用树枝或者是草本植物的某一截进行探索的时候，对于它们在自然的画板上留下的痕迹产生了兴趣，那些无意间留下的痕迹好像似曾相识，他们发出惊奇的声音，如果身边有大人留意了这种创造，则会告诉孩子们，这是太阳，这是月亮，这是人。在千百万年以前，这个世界上人类诞生之地中，这个声音就已然发出，不同的言语传递着同样的信息，这是太阳，这是月亮，这是人。山脉、草原、天体、草木、房屋、动物，还有人类本身，随着手掌中木头的使用，通过这样的过程时光被凝缩成一种物质形式被记载，传承至今。

当木头变成铅笔被握在手里的时候，会容易想到小时候无数次拿着它在方格本，或者是印着红色横线的，半透明稿纸上留下的痕迹——轻一点是浅灰色，重一点是浓重的黑反射着铅的暗光。那痕迹可能是歪歪扭扭的方块字，无法形成圆润转角的拼音字母；只有一个圆当头，四根线条当成躯干的小人儿；汉字和拼音混合而成的日记，布满红色墨水打钩或者打叉的作业本和卷子，还有右上角鲜红刺目的分数——它决定了回家是获得一块糖的奖励还是屁股挨打的命运。

时隔多年，在这个电子化产品占据每一寸生活空间，敲打键盘去书写的时候，大多数人生活中可能不会出现铅笔这种文具，当手将铅笔放置在大拇指和食指之间，中指的第一个关节处时，中指会记得铅笔的形状，因为它无数次地被按压，这个地方曾经发红且疼痛，皮肤增厚并留下茧，有的人厚一些，有的人薄一点，哪怕太久没有使用笔，已不记得很久很久以前跟笔打交道时留下的感觉，但是手指乃至整个手掌单独储存了一份文件，它以自己的方式去解码这种触感，再把皮肤感觉、肌肉感觉和相关的所有感觉汇总凝聚经神经系统传输到大脑里，这比眼睛看到的感觉传递更深刻。

你可以试试使用专业的绘图自动铅笔，沉重的笔身增加了运用时的稳定性，尖利的笔头和特制的笔芯让线条顺滑流畅，但是当它在你手中的时候你无法定义它是什么，它留下的痕迹的确是铅笔痕迹，如果闭着眼睛，这绝对不是一支铅笔，这个细长坚硬的物体从来就没有被使用过的印象，它的感觉如此怪异。

A女士在第一次尝试绘画心理表达的时候，对于铅笔的使用进行了质疑，她想用普通的水性笔，因为那是她觉得自己熟悉的工具，治疗师建议她可以都尝试尝试，体会一下感觉。第二天她带来了两张画，都是向日葵，一张是水性笔画的，一株挺立的，形状规整的向日葵，每一片花瓣都差不多大；一张是铅笔画的，有好几株大大小小的向日葵集中在一起，线条随意，还能看到有一株被擦去的痕迹。

图1　水性笔画的向日葵

图2 铅笔所画的向日葵

"我的确感觉到用铅笔画画让我放松很多,我不用顾忌有没有画错,铅笔有橡皮擦可以处理,这个我觉得好多了。"她指着那个被擦去的地方,"可是画这个有什么意义呢?你说画什么都好,我只会画向日葵。"

治疗师邀请她去体会这两张画,并谈谈自己的感受,她的眉毛皱起来:"体会?体会什么?"

"在你的作品中你感受到的所有,包括身体的感觉,你的联想等,尝试说一说。"

A女士盯着自己的画:"好吧,我试一试……嗯……我觉得水性笔这张感觉比较硬,硬硬的,好像……好像是向日葵装在了一层壳里……"

"一棵装在一层壳里的向日葵,这是一层怎样的壳呢?壳里的向日葵的感受如何呢?"

"嗯……像是盔甲一样，可以保护向日葵不受风吹雨淋的伤害，而且看上去也漂亮一些，向日葵在里面……觉得比较安全，但是有点累和憋闷，这个盔甲太厚重了……我再看看这张铅笔的……"A女士深呼吸了一下。

"你可以多呼吸几次，就像你刚刚那样做。"

A女士尝试做了几次深呼吸，眼神在铅笔画上流连："我觉得这群向日葵没有穿盔甲。"

"这是一群没有穿盔甲的向日葵，它们会有什么感觉呢？"

"嗯……我感觉比较放松和温暖，像一家人在一起。"A女士抚摸着画面，指尖在那个擦去的痕迹上轻轻地摩擦。

"你在轻轻抚摸这个被擦去的向日葵，好像想到了什么？"

A女士的眼眶红了起来，她揉了揉自己的眼角说："我想起了我去年被引产的孩子，5个多月了，我觉得很难过。"

在这个过程当中，因为铅笔本身与身体有更紧密和熟悉的链接，还有它能够留下被擦去与覆盖的痕迹，因此能够激活A女士更深刻的体验。在此时此刻，某种停滞在心底密林深处的小溪流，从手心流淌到画纸上，借由绘画表达的形式来呼唤着她，并在这个过程中被解读，从而被赋予了新的意义，这条小溪不再蜿蜒徘徊在幽暗的地下溶洞，一道光照进来，A女士可以借此去发现它，并可以让自己好好地跟它在一起，去尝试听懂它流淌的声音，并与之对话。

这不表明在体会的过程中，永远都是一对一的单线关系，当画被创作出来的时候，它变成一种固定的形式停留在画纸上，但是因为心灵的丰富和流动性，在不同时间中，与绘画作品产生碰撞的因

自我成长篇

素发生了变化,因此解码出来的内容也不同,同样的,不同的人对同一幅作品产生的感觉也会不一样,因此收获可能会有很大的区别,从宁静到狂躁,从生机到死寂,千千万万个模样可以从一幅作品中迸发出来。也并不是只有铅笔才能作为创作工具,哪怕一张空白的纸张,也能作为绘画表达体会的对象,只不过铅笔作为最熟悉的绘画工具,它能引发的感受更为早期和原始,情感也更细腻,所以它是作为绘画表达创作最常用的工具。

那么,很自然地就会想到,一种与自身链接更紧密的创作方式,能够唤起直接而强烈的身体感觉,随之而来的情感强度更高,那就是直接用身体的某一部分来进行创作,比如手、脚、嘴唇等,直接蘸上颜料在画纸上随意涂抹(嘴唇的话使用不同颜色的口红),直到尽兴为止。这样的创作方式会体验到新奇与真实,在治疗师的带领下如果能够自由且畅快地创作,往往会带来很好的减压和释放情绪的效果,那些多年来施加在身体上和意识上的观念被暂时放下,连作为媒介的工具都不需要。创作之后的体会,则可以通往生命中与重要他者互动过程中的体验,而这个部分,则视当下情境和治疗的需要,由治疗师进行把握。

绘画治疗中的解读指南有很多,有些是把固定的画面内容进行分析,这样做可以让心理绘画更容易理解和掌握,但是也带来了巨大的弊端——限制了对心灵丰富性的理解范围和在当下呈现出的体验进行跟随,如此灵活的表现形式怎么能够涵容在一本薄薄的指南手册中呢?哪怕它像大英百科全书那般全面,这不过是从浩瀚星空中漏出来的一两点光亮罢了。

二、颜色和如何使用色彩训练

如果是形状赋予一个事物的梗概，它勾勒出的其实是存在于虚空的容器，它所传递出来的意义，很大程度上由观画的人所赋予，而颜色，则是它本身就携带的情感风向标，它将导引着人去领会一个方向。这种导向性是由整个人类的心理意识来决定的，所以它具有一个判断的基线，从自然携带的色彩中所孕育的情感反应具有整体的普遍性和恒常性，如果出现了异常反应则可以作为一个异常心理指标加以标记，人类对黑色和白色之间的过渡引发的心理感受远远没有彩色强烈，对彩色图案的加工，出现的解读容易集中在正常常模值与异常组之间，洛夏墨迹投射测验中对于色彩的反应和认知加工的结果是精神病理性的重要指标。

严重的心理异常，集中表现在以下三种形式，注意，此刻描述的三种状态来自笔者十余年间对上万人次通过使用洛夏墨迹投射测验和其他绘画测验评估精神症状的经验总结，请不要对号入座，如果你的确通过自己的画作察觉到存在一些心理困惑，请跟心理学专业人士联系来获得帮助；如果你是心理学专业人士，参考以下经验之后如果需要进一步地了解，请跟笔者联系。

1. 汇报的材料中没有色彩的存在，在当事人的眼里如同一片黑白，只有对形状的加工，如汇报"这是一只兔子"，邀请他对画面中这只蓝色的兔子进行描述，可能他只会说"就是一只兔子"，对于跟现实有着明显颜色区别的蓝色兔子没有反应。避免心理对色彩进行加工表示着对情感的隔离、社交的被动和退缩、感知觉的某种障碍还有抑郁的指标，而这背后，往往隐藏着创伤性的事件，接下来需要更细致的询问来收集材料,用来全面评估当事人的精神心理状态。

2. 汇报的材料中出现了色彩识别的偏差,当事人如果把蓝色的兔子认成红色的兔子,在排除器质性问题之外,这是一个高浓度的精神病的指标,而在临床上,能够观察到的情况是伴随着情感倒错、逻辑障碍等精神病阳性症状的表现,也提示着动力学上的精神病性的结构,它以隐匿的方式存在于人格中,阳性症状在做访谈的时候不难识别,但是如果遇到没有发现明显症状的情况下,也需要咨询师在内心做一个标记,继续观察。

3. 汇报的材料中出现了大量的色彩词汇,自发式出现对图画运动性的描述,如"这是一只蓝色的兔子,它长得可好看了,毛色怎么这么特别?这只兔子在草地上跑得可快了,蹦蹦跳跳的尾巴也特显眼,它一定是兔子家族里最厉害的那个"。这提示了躁狂和双相的可能,需要注意的是,如果是儿童和青少年,这可能是一个正常的回答,如果成年人做出这样的反应,则需要接下来做一个精神状态的评估,一般情况下可以捕捉到比较明显的双相情感障碍(躁狂相)的指征。

在排除极端化的色彩认知加工情况之外,接下来就是应对变化万千的色彩反应了,而一提到"应对",则会激发身体和意识的紧张感,带着"要抓住什么"的感觉,这会让人的感觉通道变得狭窄,从而漏掉很多很多重要的信息,也失去了跟心灵沟通对话的很多机会。

一个人在这个色彩斑斓的世界中生长,世世代代经验的传递叠加在每一个新生命的心灵中,夏天的时候,看到窗外明晃晃的,金黄色的光线，就知道那里很热；当晒得汗流浃背的时候，看到树木或者房屋投下的阴影——暗淡的灰色乃至浓重的黑色，就知道那里凉快。红色让人联想起太阳、火光，随之也带来温暖和有力量的感受，黄色让人联想起丰收的田野，散发着香味的食物，黄金等，带来丰饶满足的心理感受，通过自然环境本身存在的色彩引发的原始、淳朴的感觉为基础，心理发展了更为高级的加工模式，这个世界的万物，都是由不同颜色的微点组成的，没有透明的无色的东西，哪怕是最清澈的水，不计其数的颜色微点按照无与伦比的精妙性进行组合排列，它们跟着光线涌入大脑中，那一瞬间，在基础性的感受上，产生了整合性的体验，用语言表达出来的话，就是"看上去舒服，我喜欢"或者是"看上去奇怪，我不喜欢"，这个过程简单地说，就是审美。

审美能力是能通过视觉的"审视"功能，去品味和体会万物之美，而它的核心是——"自然的接纳"。

"是否自然"并不是说某种颜色是不是属于自然界的，每一种颜色当然属于自然，这里是指它的存在能不能被观看的人所接受。这个世界上，没有不好看的颜色，没有不美的颜色，它的存在不是以个人的审美喜好而决定的，它天然就在那里，是这个世界组成形式的一部分，它无法因被意识的否认而发生变化，变得迎合潮流或者是迎合某种文化氛围。蓝天、白云、大海，雪白的沙滩上散布着一些淡黄色或者有着美丽斑点的贝壳，对很多人而言这是一个舒服的景象，它由蓝色、白色、青色、淡黄色、红色等颜色构成，而腐败的垃圾堆看上去感觉肮脏且恶心，由灰色、黑色、褐色、紫红色、绿色、红色、蓝色等组成，而这些颜色本身也可以出现在另一个让人觉得格外舒畅的场景之中。

什么样的画被"审视"后是不美的呢？不是画面本身带来的，而是作画人投注在画面上，对于自己不能接纳自己的感受，自己认为自己的画作是"不美"的，这种对自己的不满意、不舒服、不自在，乃至内心痛苦纠结迷茫的情感，通过画面进行传递。作为心理工作者，需要进行"审视"的是这一部分，不只是拥有自己的感受，而是也能感觉到对方的"审美之感"，同时也感受到画面本身之"美"的传递，所以，它是一个三个部分的同步进行时刻。

如果对方使用了扭曲的线条塑造结构，用奇怪的颜色组合方式去绘制，这需要敏锐的感觉去释放它传递出来的信息，这个过程并不是"理解"或者是"解读"这类词汇表达的范畴，它不需要治疗师用自己的主体感去加工，这样会有损信息的真实呈现，而"释放"，如同高山上的瀑布，自然而然地垂落于山涧之中。如果在这一开始，就带有"不合理，奇怪，莫名其妙"的判断，那么就没有太多可能性去跟画沟通了，这个世界上有太多奇怪的，甚至是神奇的组合形式，可以形成柔美，形成壮丽，形成震撼，形成魑魅魍魉的恐惧，形成无与伦比突破任何想象力的界限，而这一切，本身就是存在合理的。

这种能力感觉上更贴近直觉的部分，而直觉越纯粹，越不受干扰地传递和运行着，就越通透，在一块无杂质的透镜里包裹的东西自然也容易被看见，这个过程跟精神分析训练中对治疗师本身进行个人分析的道理相似，而精神分析有精神分析训练的方法，万物本源，只是表现形式的不一样，那么，在绘画表达心理治疗中如何提高这种"审美"能力呢？

首先，是相信自己有感受美的能力。通过观看这个世界而获得一种直观的感受，突破层云一跃而出的红日，把它温暖的霞光洒在波涛一般的云海上；烟云蒙蒙中湖畔柳树上鲜嫩的绿芽随着微风轻轻摆动，远远地看上去是一片影影绰绰的纱帐；淡粉色的樱花跟着白色的雪花一起飘落，重新给地面上的青砖小径换了色彩；沙漠中干涸的绿洲里，光秃秃的灰黑色树枝刺向天空，几只迁徙的鸟儿打破了它的静默；母亲把孩子的小手紧紧地握住，慢慢地走向回家的路……由形状和无数个色点构成的场景，每一个人也是其中的一个部分，参与其中，呼吸其中，所以审美感受就是一个人本身具有的感觉，它是人跟环境互动中产生的结果，是心理和精神世界成长的营养物质，一个人能够长大，怎么不具备有利于自身的"审美"选择呢？

这种直觉性，对自己经验的敞开程度，是进行绘画感知觉很重要的基础。有很多人学过美术，或者进行过相关的心理训练，但是不一定比不了解相关理论知识的人更能体会画面。在具体训练方法上，主要有以下四种：

第一，一定要自己尝试使用画材去进行创作，去真正地体会自己在绘画过程中的感受，在这个过程中，跟学习美术有所区别，重点不是去掌握美术的技法，而是不断地跟自己的感受体会在一起，哪怕只是随便地涂鸦。在颜料上水彩颜料是比较适合进行感受训练的画材，因为水彩的特性是流动的，是随机的，它跟水之间可以产生奇妙的、意想不到的色彩效果，哪怕是一笔之间，也有诸多变化，就更别提几种颜色混合起来产生的效果了。相比较其他有覆盖力的画材，如油画、丙烯颜料等，水彩颜料更容易使人感受到"无法掌控",哪怕是专业的水彩画家,也无法复制出一模一样的作品,这种无法掌控与意料之外的呈现,更能让人感受到无意识的流动性,所以,在绘画心理治疗的训练中,建议先从水彩颜料开始体验,之后再使用其他画材。

固体水彩颜料比管状颜料容易保管且方便携带,适合初学者。一盒颜料中多个小小的固体色块儿,掀开它上面的纸,看到的也是暗沉哑光的样子,当笔尖带着清水,轻轻一润,本来的样貌就会跃然纸上。

从每一个基本色块的试色开始,尝试做三种色卡:第一种是每一个色块的浅色色卡,第二种是每一个色块浓郁的色卡,第三种是混合色卡,按照你的好奇心,把不同颜色混合,再一笔一笔地画下来,所以混合色卡可以做很多张。从这个时候开始,每一次体验绘画,最好是记录下这个过程中的感受,刚开始的时候做记录有助于训练自己从感受到意象再到语言表达的过程,对于刚接触绘画心理表达的人而言,这是重要的基础性工作。

接下来,是做色调训练,它不仅在美术训练上常常用到,也是探索自身的一种方式,通过颜色的"不正常使用"拓宽对这个世界的知觉经验。首先使用黑白灰画一张图片,然后再画一张同样内容的画,接下来把第一张中的黑色变成白色,白色变成灰色,灰色变成黑色,然后再画第三张同样的内容,把每一个区域都进行黑—白—灰的转换,等画完一个轮回,画摆在一起,观察它们带给你的感受。

图3 同样的风景，不一样的黑白灰色调，感受会不一样

然后是利用彩色进行色调练习转换，一般选择几种对比色明显的颜色，比如红色、黄色、绿色、蓝色等，先画一张图，接下来画第二张，内容一样，但是把颜色进行轮换，之前红色的部分画成绿色，蓝色的部分画成黄色等，直到第一张图画上出现的颜色都在相同内容的线稿上轮流使用一遍。

自我成长篇　245

图4 一样的场景不一样的颜色，会引发怎样的感受呢

最后是把你不喜欢的颜色收集起来，首先用它们来画你平日里熟悉的物品、动物、植物或者人；接下来就是用不喜欢的颜色进行想象力的创作，可以随意涂鸦或者画你想画的任何东西；第三个阶段，就是用你不熟悉的画材进行创作，包括彩色铅笔、马克笔、水粉、油画棒、色粉笔，丙烯等上色工具，而承载它们的，可以是A4纸、水彩纸、宣纸、毛边纸、树叶、石头、木板、棉布、丝绸等；第四个阶段，就是用你的非利手去画画，右撇子用左手画，左撇子用右手画。每次画完后，可以尝试记录下这个过程的感受，还有对最终作品的联想，相信如果这样做，将是非常宝贵且难得的经验。

通过以上步骤后，有助于提高对颜色过渡和细微变换过程中的觉察力，也能更好地跟细致的感受在一起，比如自然景观中的落日，每一分钟颜色都在发生着变化，看似只有一种颜色，当仔细观察的时候，里面混合了多种色彩，丰富灵动，这个阶段因受美术技法的限制，所以更多的是通过"观画"来进行。很多人会发现，自己可能对这种变化并不敏感，分辨不出，如果首先从视觉上不能感受到直观的"颜色"，那么心灵层面的感受能力也会受到影响。

红黄蓝三原色组成了颜色的基础，钛白、淡黄、土黄、朱红、玫瑰红、浅红、紫红、熟赭、翠绿、钴蓝、群青、煤黑等常用的水彩颜料，以及在此基础上涌现出的无数种色彩，试图以各种各样的名字来承载这个世界的万千变化，但是世界的色彩如光谱一般具有连续性，哪一种颜色和它所在的情景被印刻在心里，一定经过了心灵的筛选，而往往画出来的画，真正的"好画"，其实并不是单纯地描绘下景观看上去的样子，而是画者通过自身的理解，选择了适合自己情感表达的方式去作画，这会让很多优秀的美术作品看上去都跟现实差距很大，这种转变就是绘画心理表达的重要内容。

所以，在心理层面去看一张画，绝对不是它画得像不像，画得准不准，而是画者这样画，究竟传递了怎样的信息。要达到这样的目标，得先把自己的体验向绘画领域开放，对于一个心理学工作者，它也属于整体性的个人训练中的一部分，所以实践起来，它并不跟自己美术技巧的高低有关系。

三、绘画表达中的观——赋予生命的客体

南朝时期梁国有位大画家叫张僧繇，有一次，他在金陵（现在南京）安乐寺的墙壁上画了四条巨龙，那龙画得活灵活现，非常逼真，只是都没有眼睛。人们问张僧繇："为什么不把眼睛画

出来?"他说:"眼睛可不能轻易画呀!画了,龙就会腾空飞走的!"大家听了,谁也不信,都认为他在说大话。后来,经不起人们一再请求,张僧繇只好答应把龙的眼睛画出来。奇怪的事情果然发生了,他刚刚点出第二条龙的眼睛,突然刮起了大风,顷刻间电闪雷鸣。两条巨龙转动着光芒四射的眼睛冲天而起,腾空而去。这就是"画龙点睛"的故事。

据说郑板桥的画非常传神,能够使画中之物成真。他有一个朋友,家里新砌了一道墙,他一直请求郑板桥在墙壁上画个画,无奈郑板桥总是忙着没时间。

有一次,这朋友请郑板桥还有一些朋友到家里喝酒。酒席喝到一半,主人当着大家的面,非请郑板桥在墙壁上画一画。郑板桥见推不掉,就说:"行,你磨墨吧!"

主人连忙让儿子拿来一砚墨,郑板桥一看,说道:"不行,太少了,至少要磨半小盆的墨。"大家一听,那么多的墨,难不成要将整壁墙都涂黑?主人心疑之际,仍赶紧让儿子端来半小盆的墨。这时郑板桥已经是醉得摇摇晃晃了,他走到墙壁前面,用手往盆子里一蘸,就往墙上抹起来,抹了几把,又把整个盆子端起来,将里头的墨汁都泼到墙壁上,弄得黑压压一片。这主人心里可不痛快了,他原来只想让郑板桥画在墙上,一是风光,二是好看。谁知黑压压一片不知在画何物,又不好涂掉,只好留下,自己生闷气。

有一天下大雨,天上不住地打雷,加上闪电,好不惊人,谁知雨过天晴,这道墙壁前面竟然死了上百只麻雀。

过了一些时日,一个老头来到这主人家门口,对着这道墙壁仔细地看。这主人看见了,一时好奇,就问:"您在看啥?""这画,一定是名人画的吧?"

主人心中还有气,说道:"哪是什么名人,只是一个朋友用手抹的。"

老头儿问:"这画成了之后,可出过什么奇怪之事?"主人答:"奇事倒是有一件,有天下大雨,又打雷又闪电,之后就在墙前面发现死了上百只麻雀。"

老头点头说道:"这画,真是太好了!一般人看不出他画的是竹林,只有打雷下雨的时候,闪电一照,才看出是竹林,麻雀将它当成真的竹林,飞来避雨,所以就撞在墙上死了。"

类似这种"画得真"的传说,"神笔马良"也是其中一个家喻户晓的故事,《聊斋志异》等书中也有很多跟画中人发生互动的惊奇故事,它们描述了一个可以直接在现实世界里跟画中物进行互动的过程。现在很多人可能不会相信画什么就可以真的"成为"什么,这些故事,也终究只是故事,只是人们发挥了丰富的想象力而已。从几千年前就开始,从中国、美索不达米亚、古埃及、古印度到古希腊,无论哪一种文明里,都流传着这样的故事,画师也都为宗教祭祀服务,留下的伟大艺术品,都拥有着同样的功能——与神灵沟通,为神灵的降临当好媒介,以便于指引渺小的人类。

从古到今,美术艺术(包括画,雕塑等不同形式)出现在庙宇中、家族的祠堂中,秦叔宝、尉迟恭作为主要的门神形象存在于无数扇大门上,以保佑平安,驱散鬼邪,他们的事迹在传说中存在,一代代人倾听故事的时候在心灵的画纸上描绘得栩栩如生,当面对各类佛像、菩萨、神灵、圣人等画像时,不由得心中升起一种感觉,可能是神圣感,可能是期待感或者是其他感觉,这种感觉让人在贴上画纸的时候,明明知道画中人不会蹦出来真的跟自己有个物理现实层面的互动,却多了一份心理感受的稳定性。

同理,过年的时候贴春联和福字,挂灯笼,放鞭炮,显得热闹又喜庆,结婚时的红盖头、红色的双喜、绣上金色龙凤的锦被、花好月圆的景色等,美术与生活互动的概念会外延到一切改造、装扮现实世界的活动中去,这种现实层面的布置与宗教领域中的布置有一样的基础心理功能,比如寺庙里佛像如何呈现、清真寺中礼拜正殿和殿内壁龛(圣龛)必须背向麦加、藏传佛教中对唐卡的观想是重要的修行仪轨,等等,做这一切,都是为了让自己的心灵获得感受——对美好的渴望,对众生的怜悯,对自身的忏悔,目的是让心拥有更多的希望感、力量感、安全感、自信心与自尊感。拥有这些感觉是多么重要啊!有了这些感受,才能推动人在现实层面上做出相应的行为,做出选择,面对挑战,克服困难,也在这种互动中,发现自我,给予自己和世界一个平衡的、和谐的、丰富生动的心理现实,最终,人可以超越现实的束缚,安住于自在之中。

人在成长过程中,会自发地运用"观"来发展自己,比较典型的例子,就是对偶像的崇拜了,你会发现无论是喜欢怎样的偶像明星,无论他是人,还是非人(包括二次元,或者是一些特殊的玩具),人都会收集他们的画像和作品的复刻版,参加线上线下的活动,做一样的装扮,学习偶像的爱好和品质,为什么要这样呢?为了成为跟他一样的人。先从看到跟偶像相关的内容开始,拥有了一种愉快的心理体验,从这个体验出发,把偶像的特质复制到自身,不断地在心理现实层面去体会跟自己偶像在一起的各种感觉,这动力累积强大到推动自己在现实层面不断地去实践,最终"从内而外"地呈现出一种结果，可能是跟偶像相似的，绝大多数情况是在这个过程中产生混合了自身的整合产物。

一个"精神正常"的人不会相信自己的偶像会真的从画里跳出来，偶像的声音真的响起在门外，让自己开门，第一反应不是欣喜若狂而是充满警惕，人更擅长跟自己心灵的思念、悲伤、苦恼、期待等感受待在一起，并通过一系列幻想来产生出心理现实，如这个世界是美好的、家庭是温暖的、生活是顺利的、自己是有价值的、我是值得被爱的、他人是可信的等，反之也成立。

在身心与环境互动的过程中，包含了"观"在内的感知觉系统不断地协调、整合、沉淀，形成了每一个个体独特的内在心灵现实，当心灵去理解外部世界的时候，运用的是内在已经成形的模式，在这个心灵现实中的感受被外界刺激所激活，加工这些刺激物的材料是"这个世界是美好的，家庭是温暖的，生活是顺利的，自己是有价值的，我是值得被爱的，他人是可信的"相关认知和感受，那自然对新进入内部空间的刺激物也会染上这样的色彩，如果是在"世界是危险的，关系是痛苦的，自己是容易被伤害的，他人是不可信任的"等氛围里，这色彩很有可能是灰暗的、压抑的、刺目的。

这简单解释了为什么绘画心理表达中，任何的线条与色彩都是活现了心灵的某些特质，在大的范围中，人类任何与外界的互动，都进行着内外信息的交流与转换，绘画提供了一种观察的视角，它把心灵中不能被这个物理世界进行实体探测的存在通过投射成为一种能够被身体触碰的客体，它被固定下来，有了大小和重量，还有色彩，甚至温度与气味，能够被抚摸、亲吻、撕碎、焚烧，被装饰挂起来，或者锁入保险箱中封尘多年，宛如一个飘荡的灵魂找到了一个身体般的容器，也像那些从画里诞生的生灵，解除了封印，获得了新的自由。

这也解释了"似曾相识""睹物思人""触景生情"等成语描述的心理活动，去理解和呈现被激发的心理现实，在此基础上进行相关的工作，就是绘画心理表达治疗的重心所在。

它不是算命，不只是一种科学推理（虽然它的某些形式被制成标准化的心理测验），它的工作本质在帮助绘画者一起对丰富的内心进行探索和理解，能够被知晓的部分只是沧海一粟，对画的理解也是跨越时空的，所以，请珍惜和保管好每一张画，哪怕在当下它让你不舒服或者不满意。

以下是对于进行绘画心理治疗过程的简单介绍：

1. 过程中绘画的顺序

出现的顺序可以简单理解为该事物/颜色在当事人心理中的排序，在当下情景中，先出现部分可能比较容易产生响应的体会。

2. 观察作画者的态度

在画的过程中，作画者对于自己"画"的反应是最先出现的，就是对自己的画技满不满意，这时工作就已经开始了，跟这种态度在一起，进而贴近作画者内在的感觉——对自己的评价。画画的形式更容易引发对自己能力的质疑，它把这种感觉以非常真实的方式呈现出来，无法掩盖和躲避，甚至一些美术专业人士在绘画中也有强烈的自我质疑感，这是一个重要的契机。然后，观察对方被画面激发的情感反应，是开心？愉悦？悲伤？愤怒？不满意？还是困惑呢？作画者是什么样的感受，随着画面的展开具有流动性，它跟画中之物相关，需要被标记和讨论，最终随着作画过程的结束，整合成一个全面的景象。每一步的细节的体会和在整体中获得的感受会发生变化，在当下什么样的心灵信息能够呈现出来，也受到治疗师和作画者关系的影响，同时，前文也提及了对绘画进行理解存在着跨时间性和空间性，所以一次治疗中可以开展的工作范围并不会很广，它可能需要多次的工作。

3. 作画者自己的观，治疗师的观，以及画作为一个主体的观

当画作为一种心灵材料的物质性载体时，可以进行观的方式就非常灵活，作画者自己的表达，治疗师的跟随，将自己的感受进行叠加，并且，站在画的角度，画的感受是什么，也需要去进行呈现，观的过程中可以把画用于各种角度，隔远隔近，放在上方或者地面上，也可以放在水面上、灯管前，或者制作成拼图，或者把其中某个部分拿掉。这个方式常结合格式塔技术，用于处理关系、哀伤、整合性的主题等。但是这个层面的使用需要治疗师具有比较扎实的基本功，对临床经验有比较高的要求，如果没有，以普通的形式看画就好了。

四、常用的绘画心理治疗自助方法

绘画心理表达是一种跟自己内心相伴的方式，如果是进入正式的治疗过程，那么"画画"这件事情也会在治疗结束后作为作业来布置，它的确需要对画画这个形式有一定的熟悉程度，而不是仅仅在治疗过程中去画画。

如果平日有涂鸦两笔的习惯，这是最好不过的事情了，它可以让心灵习惯并信任这个通道，也更便于跟治疗师进行探讨，哪怕

在绘画沙龙中，也能自发地与他人碰撞出火花。所以，首先建议写"涂鸦日记"，拿速写本或者水彩本进行记录，不一定每天都要写，频率一周3次左右即可，不规定主题，可以画任何想画的东西，哪怕是一些看上去杂乱无章的线条，然后在画面空白处写下自己的体会和感受。如果有做手账本的经验，请注意，刚开始的时候涂鸦日记不要使用制作手账的胶带、贴纸、印章等，把手账本与涂鸦本分开，因为胶带与贴纸上有成形的图案，会对自己的图形表达产生干扰。但是树叶、花朵、天然色素的使用是可以的，自然之物的加入会促进经验往自身贴近，如果熟悉了这个过程，就可以很灵活地使用各种材料了。

接下来是主题的绘画，在对绘画表达本身比较熟悉的基础上，就可以进对内心重要的版图进行重点表达了，从这个阶段开始，建议使用曼陀罗绘画的形式——在一个空心的圆圈之内作画，方形的纸张上用圆规绘制一个圆形，然后就在这个圆形之中进行绘画，如果有需要，可以画出圆形的边界。这种形式更有助于呈现和带来疗愈效果。

主题绘画简单又重要的两个方向：

1. 绘制"情绪曼陀罗"，用来呈现和记录自己的情绪体验，在遇到事情的时候，情绪反应犹如心灵之海的一朵浪花，首先被唤起，也因此容易被看到，通过跟它在一起既能安抚自身，也能进行自我探索，在纷纷扰扰的生活中，情绪曼陀罗的绘制可以很好地进行压力的疏导，心灵重新获得平静和恢复力量。首先从常见情绪词开始绘制，"开心""悲伤""愤怒""痛苦""难过""烦恼"等，一个情绪词可绘制多张，用来熟悉自己在不同情绪之下常用的意象和使用的绘画技法，为之后的灵活表达打下基础。

2. 绘制"我和与我有关的"，这是在掌握情绪曼陀罗的基础上进行的尝试，它需要更稳定的空间感来进行表达，去探索自身存在和与他者的关系，在绘制情绪曼陀罗的时候，可能会涉及这个领域，所以也可以在那个当下，根据自己的感觉进行多幅曼陀罗的绘制。所以以情绪曼陀罗为出发点，可以延展开各个主题。

对于心理学专业人士，建议尝试与"心"有关的汉字主题曼陀罗，比如忈、忌、忍、志、忑、忒、忘、志、忐、应、忿、忽、念、怂、态、忠、息、怼、急、怒、思、怨、恶、恩、恳、恐、恋、恁、恕、息、恙、恣、耻、患、悠、备、惩、惠、惑等，这是结合汉字聚焦的方法，有助于训练对此类语言表达的敏感性。

绘画心理治疗的形式非常灵活，可以跟艺术治疗大家庭中的方法无缝衔接，也可以跟正念内观、聚焦、游戏治疗等相结合，焕发出无限的生命力，笔者自身在使用绘画这个表达工具的过程中获益匪浅，希望能与各位朋友多交流在绘画心理治疗中获得的丰富经验，这篇短文文辞粗浅，请多指正。

道法自然醒——睡个好觉满血复活

闻宜斌

时下清明时节,古诗有云:"清明时节雨纷纷,路上行人欲断魂。"大概是在说那些走在路上赶着去上班的人,多数是没睡好觉的。

没睡好觉整个人没精神身体难受自不必说,长期失眠对身体的危害更是不小:免疫系统受损,内分泌失调,代谢出现问题,各脏器的生理功能得不到恢复和调整,易诱发胃溃疡、感冒、肥胖、脑梗死、心脏病、糖尿病,甚至癌症。尤其是免疫力,对于身处旷日持久疫情之中的我们,守护好睡眠就是守护好健康。

睡眠对心理健康和脑功能也尤为重要,睡眠好的人情绪体验更积极、少激惹、少发脾气,人际关系自然更好,记忆力更好,精力更充沛,学习工作效率更高。毫不夸张地说,睡好觉就是躺着赢。

"睡到自然醒"是多少人的梦想,然而现实是骨感的,《2019年中国人睡眠白皮书》分析显示,有38%的人睡醒了以后仍旧感觉很累,心理压力大是中国人睡不好的第一大原因,其次是工作和学业繁忙。

"睡到自然醒"是奢侈的，但幸好也是有门道的，这里我们就来说道说道。

一、睡眠保养之道

保养之道，在天时、地利、人和。

天时

人在睡眠的时候，身体并非处于一个完全静息的状态，而是有不同的阶段和周期。睡眠一般分为5个阶段：

第一阶段是入睡期，即从清醒进入浅睡的过渡过程，大约会持续5分钟（请注意这个数字）。此时的人会失去对自己周围环境的感知，但很容易被吵醒。上学时，如果中午没有午睡，下午上课时可能会打瞌睡，好像能听见老师讲的话，但忽然惊醒后却完全记不起老师刚才讲了什么。

第二阶段的浅睡期，是真正睡眠的第一步，这一阶段第一次出现时会持续25分钟（请注意这个数字），然后就会进入下一个睡眠阶段。整体上，我们夜里大约有一半时间处于阶段二的睡眠之中。

第三阶段和第四阶段分别是中度和深度睡眠期。深度睡眠让身体更新和修复：脑垂体会释放出一种生长激素，促进新细胞生长，刺激组织和肌肉修复，让人体能在日常劳作后获得休整、感到恢复生机与活力。血液中一些激活免疫系统的因子水平会升高，因此深度睡眠能帮助身体抵御感染。当一个缺乏睡眠的人终于睡着时，他的浅睡眠会变短，深度睡眠所占的比例会变大，这说明深度睡眠的重要性，深度睡眠帮我们满血复活重振元气。

第五阶段被称为快速眼动睡眠期，做梦就是在这个时候，这时大脑活动状况与清醒时十分相似,呼吸浅快而不规则,心率增快,血压波动,但四肢和躯干的肌肉几乎处于完全松弛的状态。有的人天赋异禀,此时四肢肌肉还能活动,就出现了梦游,当然,这种天赋是危险的,这类基因绝大部分被淘汰掉了。我们偶尔也会在梦到危险之时,挥动下拳头、蹬下腿,赶走梦中的敌人,不过,踢到的往往是睡在旁边的人。

正如深沉睡眠可以让身体得到休整,梦境睡眠可以让思维得到休整,有助于将无关信息清除出去,促进学习和记忆。例如有研究表明,在经过一夜睡眠之后,对某学习任务的测试成绩会有改进;但如果在快速眼动睡眠阶段被频繁叫醒,这种改进就会消失;如果在其他睡眠阶段被叫醒同样次数,成绩的改进并不会受到影响。想赢的同学们,别熬通宵了,赶紧睡觉,躺着赢。

正常的睡眠者都会经历从浅睡眠到快速眼动睡眠阶段,历时大约90分钟,即一个睡眠周期。在一个周期结束时,我们会醒来,这种短暂的觉醒只会持续半分钟到2分钟。如果刚刚做的梦很激烈(甜蜜或是惊恐),我们会利用这短暂的觉醒时间回味一下,于是大概能在第二天清晨记得做过这个梦;如果做的梦很普通,我们不会对其进行回忆,也就不知道自己曾做过梦;有的人称每天都会做4~5个梦,医学上管这种症状叫"易醒多梦",和其他人一样在每个睡眠周期都有做梦,不同的是他们在每个周期结束时都过度觉醒,把所有的梦都回忆了一遍。

通常情况下,我们不会记得自己曾经醒来,然后就开始进入下一个睡眠周期。一整晚的睡眠是由4~6个睡眠周期构成,我们夜里会以"睡眠—醒来—睡眠—醒来"的模式,从一个睡眠周期进入下一个睡眠周期,并随着周期变化和身体情况自动调整浅睡眠、深睡眠、梦境睡眠的比例。但不管如何调整,每一个周期的时间都大致是90分钟,我们称之为一个R90。

老天爷(西方人称之为上帝)既然给我们设定了睡眠机制,我们就要顺应天时。既然每90分钟就会自然醒一次,那么如果我们把每天的睡眠时长设定为90分钟的整数倍(n个R90),岂不是每天都是睡到自然醒了?

例如,根据实际情况,每天早上7:00必须起床,就应该把入睡时间设定在每天晚上23:30,这样就保证了刚好5个R90的睡眠时间。这种情况下如果22:30入睡看似多睡了1小时,但效果其实并不好,因为会在深度睡眠或快速眼动睡眠时被闹钟唤醒,起床后会感到不适,白天很长一段时间头脑和身体状态都没有完全恢复,浪费了1小时的工作学习或是娱乐休闲时间却适得其反。如果想要多睡1个R90,就应该在22:00入睡,否则就在23:30入睡。

当然,每个人的生物节律都不是90分钟那么绝对标准,我们需要对自己的睡眠计划做个性化微调。方法很简单:在周末睡一个自然醒,记录下实际的睡眠时长,多试几次取平均值。为保险起见,还可以给睡眠计划增加5～10分钟,原理就是:宁可在进入下一周期的浅睡眠时被闹钟唤醒,也不要在前一周期的快速眼动期被唤醒。这样设定闹钟还有一个好处,就是在闹钟响前几分钟已经自然醒来,长此以往养成了自然醒的习惯,而闹钟又可以起到万一没自然醒来时的保底唤醒作用。

"每天睡8小时"的理论正在被突破,新理论是"每周睡35个睡眠周期",即平均每天睡7.5小时。新理论不同以往按小时算,

自我成长篇

而是以90分钟的周期数来计算，也并不太刻意要求每天都达标，而是以一周的数字来衡量睡眠时间是否足够。新理论毫无疑问对现代都市人更实用——谁都难免偶尔会有一些工作学习熬夜或是娱乐聚会搞到很晚。

一句话总结，睡眠时间的设定要符合自身周期规律，长期坚持调整出并保持自然醒的生物节律。

地利

中国人信"一命二运三风水"，运，国运、时运，说的是顺应时间上的发展周期，风水则是讲究空间环境。房间的朝向、摆设对人的影响很大，这就有了看风水和改风水的行当。卧室的风水，就是针对睡眠健康的。

人们都知道好房子是要朝南的，阳光更充足，其实卧室最好是朝东南，每天太阳升起时阳光照在皮肤上，大脑里褪黑素分泌受到抑制，身体被唤醒，这就叫自然醒，如果这时又刚好和睡眠周期吻合，就太完美了，天时地利都有了。

笔者每天都是睡到7：10自然醒，奥秘就在于此。当然，为了保险起见，笔者将闹钟设定在7：15，尽管多数用不着，但在阴雨天时还是派上了用场。

阳光和褪黑素对调整恢复昼夜节律十分有用，可以加深睡眠、提高睡眠质量，预防抑郁和癌症，改善整个身体的机能。中年之后人体的褪黑素慢慢减少，补充一些褪黑素是延缓衰老不错的选择。褪黑素的分泌对阳光十分敏感，因此，感受到白天—黑夜的自然变化，对人体非常重要。

拉开窗帘睡觉对形成睡眠自然节律很有帮助，但也要考虑入睡时的情况。一片漆黑的环境能让人体更快进入睡眠，如果窗外有灯光或树影，肯定会影响入睡，这时就需要戴上眼罩。白天睡觉的原则是：如果需要进入深度睡眠就要合上窗帘，模拟夜晚的睡眠环境；如果想止于浅睡，就刚好相反要打开窗帘，具体操作我们稍后细说。

有的卧室窗户不朝东，或者随季节变化初升阳光的方向改变了，不太能准时照到睡眠者身上，怎么办？只需要买一盏可以定时开启的日光灯，就轻松搞定了。

除了光线这一视觉要素外，听觉、嗅觉、触觉等方面也同样重要。保持安静的睡眠环境是基础，隔音玻璃是现代生活一个伟大的发明。你有没有这样的经历：下雨天听着窗外滴答的水声反而很容易睡着。有人根据下雨声特有的频率研发出"白噪声"工具。入睡困难的朋友可以买回家尝试一下。值得注意的是，催眠类的声音在使用上有很大讲究，稍不留神就可能适得其反，关于这一点我们会在"失眠应对之法"章节中专门讲解。

嗅觉方面就是要卧室无异味，哺乳动物都可以通过嗅觉发现异样提高警惕，人也不例外，警觉性高的基因更容易保留下来。对于原始人，危险是洪水或野兽；对于现代人，危险可能是泄漏的煤气或是着火的焦煳气味，无论对于什么动物，腐臭都意味着不卫生，有被细菌感染的风险，应该尽快远离。要想睡得安稳，就要把卧室的异味去除。现在的商品房，主卧室都自带卫生间，风水上讲卫生间的门不能对床头，原理就在于如果直对床头，卫生间细微的异味更容易飘到睡眠者的鼻腔，同时卫生间的灯光也直射到了脸上，这对于潜意识警觉性高的睡眠者来说，可是不小的影响。

没有任何味道的卧室比较适合睡眠,但如果有些淡淡的花草香,特别是薰衣草的味道,反而能起到安神的作用,睡不踏实的朋友可以尝试使用薰衣草香味的洗衣液和香薰来促进睡眠。

触觉指所有皮肤的感觉,如压迫、疼痛、温度等。

干净的被褥让身体舒适放松,睡眠质量更高。有时我们会做噩梦,被什么人或东西压着动弹不得,梦里十分惊恐,民间也有"鬼压身"的说法,其实就是被子太重了,特别是刚到一个新睡眠环境不太适应,身体和大脑都比较警觉,如果被子又比平时更重,就可能做噩梦。梦有保护睡眠的功能,当身体有异样感时,如憋尿,大脑会将身体的不适转换成在梦中找厕所,而不会立刻醒来,保障了睡眠周期的完整,等一个睡眠周期结束后,才真正醒来上厕所。

《2019年中国人睡眠白皮书》中指出,15%的年轻人喜欢裸睡,裸睡确实可以减少衣物对身体的束缚,让睡眠者更放松,对健康是有好处的。但刚开始或者偶尔尝试裸睡时,身体失去了衣物也会不适应,这种不适应通常也会以梦的形式来表达。宽松的睡衣裤是大多数人的最佳选择,既不会太紧做"鬼压身"的梦,也不会空荡荡地做"裸奔"的梦。

身体的疼痛自然会影响睡眠,住院部医生有时会开一些安眠药帮助患者入睡,效果十分显著。不过,很多慢性疼痛也非完全是因为疾病或物理创伤造成的,内心的焦虑、抑郁也会向躯体转化,形成疼痛。压力、疼痛、失眠三者之间两两相互作用。

卧室温度对于睡眠至关重要,最佳睡眠温度是18℃~22℃,好空调是促睡眠的神器,但前提是会合理利用和摆放。设定多少度?提前多长时间开启给房间降温?设定什么时间关闭?这些都需要睡眠者根据自身和环境情况摸索出一个最佳方案。至于空调摆放的位置，则有一个通用标准：床的两侧。这样风就不会直接吹到身体上，又可让空气顺畅流通到睡眠者鼻子处。包括空调、画框等在内的任何东西都不可挂在床头正上方，这是风水大忌，头顶悬物是无法让人安睡的，因为它随时有掉下来砸到头的隐患，对于这种致命的风险，潜意识自然是时时处于警觉状态。空调在床头偏哪一边就要看卧室的具体情况，如果两边都可以，那就放在男主人睡的一侧吧。女性体质偏寒、男性偏热，夫妻常因设置空调温度发生争执。我们让凉风在男主人这边徘徊，两人各得所需，减少了家庭矛盾。长此以往，睡眠更健康，家庭更和睦，精力更充沛，事业越发兴旺，这就是风水的奥秘。

人和

现代医学和心理学在西方实证的道路上原本一路狂奔，现在遇到了很多阻碍，开始朝东方哲学的方向探路。东方思想认为，医生不是治病，而是治人。人出现症状是有意义的，我们应该透过症状看背后是哪些平衡被打破了，医生要做的是帮助恢复平衡，平衡恢复了症状自然就消失了。否则，一味忙于消除症状，不仅使问题以新症状表达出来，而且由症状勉强维持的平衡被突然打破，系统可能崩塌。如高血压替代满足了血液循环的需要，猛地通过药物把血压降下来，血液不能充分循环，有些脏器是缺氧的。

功能不完善的情况下，铲除替罪羊不是根本之计，根本在于恢复平衡，人的平衡包括人体内平衡与人际间平衡。

中医讲的人体内平衡，笔者一知半解不敢妄言，通常会建议睡眠不好的来访者找中医专家把把脉。这里我们简单说一说跟人体平衡有关的东西：食物。

食物对每个人的影响不同，除体质和气候环境的原因外，心理因素也很大。有人以形补形、吃啥补啥，有人吃山珍海味、吸收天地精华日月灵气，有人嘴里时时得有点什么东西，有人对美味追求极致，有人胡吃海喝把自己搞得很胖，有人食之无味衣带渐宽，其实很多时候"吃"都是在满足心理需求。临床证实，消化道疾病多与情绪和压力有关，是典型的心身疾病，意思是说心理问题转化成了躯体疾病。对美味的享受当然是舒心和健康的，也是对社会文化的融入，但如果在"吃喝"方面朝正向或负向过了度，就是问题了。笔者在心理咨询中发现大多数有睡眠问题的人，往往也有消化道方面的问题。

对睡眠的保养，可以多吃一些饱含色氨酸的食物，如豆类、小米、海鲜、酸奶等。睡前喝一杯牛奶，有镇静促睡的作用。灵芝可以稳定神经系统，增强免疫力。百合润肺止咳，清热除烦安神。大枣、桂圆、小麦也有安神的功能。但这里要提醒读者的是，如果要通过食物安神促睡眠，最好是听中医专家的建议，根据自身情况配制个性化的食谱，毕竟人体是一个很复杂的系统，牵一发而动全身。

尽管睡前喝牛奶有助于睡眠，日间多喝水自然也是好的，但如果睡前摄入太多水分，泌尿会影响睡眠，特别是那些起了夜很难再入睡的人。同样道理，睡前也不要进食太多，尤其是难以消化的食物，夜间给胃造成太大压力是不利于睡眠的。

还有一些特殊的食物：烟、酒、茶、药。

抽烟可以让人冷静、平静，但其本质是兴奋剂，有睡眠问题的人应尽量少抽烟、不抽烟；酒精是抑制剂，适当饮酒特别是红酒可以帮助入睡，但过量饮酒甚至醉酒后虽然很快能睡着，但使睡眠周期紊乱容易早醒，深度睡眠被破坏，一觉醒来感觉很难受，身体和大脑都没有得到恢复。更糟糕的是，经常醉酒的人神经系统受到损伤且是不可修复的。

无论闲情雅致还是居家生活，茶都是必备物品，喝茶是人际交往中的重要活动，也是一种美妙的味觉享受，可惜有人却因为睡眠问题享受不了这个过程。茶和咖啡都含有咖啡因，可以提神醒脑，原理是人体细胞代谢会产生腺苷，神经系统检测到腺苷越来越多就会让身体产生困觉，提醒我们休息。咖啡因不是阻止了腺苷的产生，而是让神经系统检测不到腺苷，4～6小时的咖啡因半衰期过后，人体重新恢复功能一下子能检测到很多腺苷，立马就想睡觉休息了。因此，一般人只要不是晚上喝茶喝咖啡，对深夜的睡眠没有影响反而是有好处的。当然，有的人体质不同，加上心理因素，咖啡因对睡眠的影响不同于常人，不喝或者少喝含咖啡因的饮品是一种策略，做一些中医调理是更好选择。相对于西方身心二分，中医讲究身心一体，调理体内平衡更为治本。

药物的摄入对睡眠有正向或负向的影响，后面我们会在相应的位置多次提到，这里要说的是两点：一是不可私自吃药，如在药房买安眠药或抗过敏药服用来促睡眠，服药一定要咨询专科医生；二是医生开出长期服用的药物必须按医嘱服用，有的是按需、间断地服用，有些则是要长期不间断地服用，减药、停药都需要医生来调配，不可随意。

除了食物，阳光和运动对人体平衡也至关重要。每天接受阳光的洗礼，促进褪黑激素的正常分泌，多晒太阳也更容易赶走抑郁情绪，对睡眠有很大帮助。运动对促进人体代谢有益自然不必多说，这里推荐三种有益于锻炼大脑的运动：有氧运动、有适当挑战性的运动和团队协作运动。也注意不要在睡前3小时进行剧烈运动，使得大脑和身体一直处于兴奋状态，不易入睡。

说起人与人之间平衡，心理咨询界有一句名言：所有心理问题都是人际关系的问题。我们常说"这件事情让人寝食难安"，事情背后的实质往往是人际关系。

新冠疫情期间，很多人长期憋在家里，慢慢开始睡不好觉了，诸多因素中有一个是人际平衡被打破了。人与人之间需要保持一定物理和心理的距离，太近或太远都不舒服。因为成长经历和原生家庭原因，每个人需要的距离不一样，新成立的家庭往往在这个问题上需要一段时间甚至长达数年的磨合，调适出一个平衡状态。以往每个人有自己的空间，上班、下班、逛街、社交、打球、聚餐、打麻将、跳广场舞，也有和家人共处的时间，然而疫情暴发后，这种平衡被打破了，一家人整天在一起，时间一长就受不了了。疫情期间，很多自媒体鼓励人们利用这段时间好好和家人相处，笔者就补充建议也要多留个人空间独处，如看书、上网，也要多尊重家人特别是孩子的私人空间，如打游戏。与此相反，疫情期间居家隔离也使人与人分隔开来，对于一些人特别是早年有分离相关创伤的人来说是难以忍受的，尽管借助互联网通信保持人际连接，但效果有限，人际平衡被破坏。

家庭中的人际平衡经常会有滑动，结婚生子新成员加入，或家庭成员的离开，如离婚、死亡、成年、工作外派等，都会有所影响，心理咨询中家庭治疗流派就会在恢复家庭系统平衡方面开展工作。

有一个人体内和人际间同时失衡的例子就是中年危机。中年危机和青春期很相似，只不过是反过来的。青春期人体内激素猛增，能量太多，青春期的孩子就需要大量体育运动、情绪宣泄、叛逆行为来释放能量，人际关系方面也从家庭走向社会，见识广阔天地，参与更多人际关系，大胆尝试做加法，当然也不断碰壁试错；中年危机时人体内激素下降，身体机能开始衰退，反应力和记忆力下降，精力和体力大不如前，随着职业发展规律和子女长大，中年人好像越来越失去价值，慢慢从社会退回到家庭，减少冒险，小心谨慎地守护事业和财富，人际交往也是做减法的。

如青春期容易产生心理问题一样，中年危机也会带来很多心理问题，睡眠问题就是其中一个表象。因此在刚开始走下坡路的时候，要注意调整心态和认知。青少年要探索自我、认识世界，形成自己的三观，面对合作、竞争、挫折、分离等人生主题，形成与内在自我和与外在世界的统一，对未来进行生涯规划。中年人士也应该面对相同的人生主题做新的探索，修炼新的认知，利用新的资源，进行新的人生规划，达成新的平衡。

有意思的是，很多中年人饭局会增多，从某种角度来讲，这是在应对中年危机。笔者一直推崇的"火锅疗法"和"烧烤疗法"，除了油脂和辣椒在对正面情绪提升有对照实验数据支持外，酒肉朋友的陪伴更有疗愈功能。汉语"伙"字，伴火而食的人，叫伙伴。不过现代人的烧烤已经变成别人烤好了才端上桌，相比之下吃火锅更有仪式感。当同桌的人一起把生食变成熟食，大家也就从生人变成了熟人。酒肉朋友带来的社会支持缓解了中年人的焦虑，但凡事也要适度，油腻中年大叔既不健康也不讨喜。

二、睡眠调节之术

现代社会越来越多的人存在睡眠问题，笔者将其分为两大类：睡不好和睡不够。"睡不好"是指存在医学上的失眠症状，如入睡困难、睡眠浅、易醒多梦、早醒等。"睡不够"则是本身睡眠功能没有问题，却因各种原因睡眠时间不够或时间不对使得身体和大脑恢复得不够。这里的"睡眠调节之术"针对的是"睡不够"，而"睡不好"的问题我们留在"失眠应对之法"中探讨。

笔者将"睡不够"的人群又大致分为两类：一类是工作需要倒班的人群，一类是"长睡眠者"和"晚睡眠者"白天必须"早起"去上班的人群。

倒班

倒班是痛苦的，也是对身体健康有很大损害的，但现实是有很多职业都需要倒班，如医护人员、警察、司机、保安、生产工人、夜间服务人员等。既然倒班不能避免，我们看看能做些什么帮助调整睡眠。

倒班的第一原则是遵守R90原则，即白天补觉的时间也要是90分钟的整数倍。原理前面已经讲了，这里不再赘述。

倒班的第二原则是"倒班不倒餐"。不知道您是否有跨国飞行倒时差的经历，如果在飞机即将到达目的地前两三个小时内不进餐，下飞机后按当地的就餐时间就餐，这样消化道的时差倒过来了，很快就能将睡眠的时差也调整过来。按照这个原则，无论几点上班几点下班，一日三餐的时间必须固定。从上午一直睡到下午，尽管睡的时间比较长，但破坏了中午就餐的生物节律，如饮鸩止渴，是不可取的。既然用餐时间将上午、下午和晚上隔开了，结合前两个原则，我们看看该如何规划下了夜班后的倒班睡眠。

首先看上午，早餐和中餐之间的时间间隔只有4小时多，算上回家路上的时间只有3小时，最多只能睡2个R90，更不利的是：从中医角度讲上午人的阳气上升，从西医角度讲上午人的神经系统是处于兴奋状态的，这都是与睡眠相冲突的。因此想要在上午进入深度睡眠是很困难的。

下午就完全不同了，首先是中餐和晚餐之间有6小时的时间，根据个人情况不同可以睡3～4个R90，其次午后本身就是一个犯困时间点，这时入睡顺其自然，下午5点以后也是一个犯困时间点，下午睡眠刚好把两个犯困的自然时间点都结合进去了。

晚饭后不适合睡眠的原因就在于离夜间正常入睡的时间太近，容易将正常深度睡眠的节律打乱。其实，白天已经很困了，刻意熬到晚饭后才睡觉是对生物节律的再次破坏，将精力完全耗尽了才睡觉也很不健康。但有一种情况可以晚上睡觉，就是在上夜班之前睡上一个R90，一个完整周期的睡眠，对后半夜的体力补充和脏器保养十分有效。

因此，我们下夜班后可以利用上午的时间做一些简单的事情保持清醒，等午餐后再上床一觉睡到晚餐前，晚餐后保持清醒直到10点以后按照个人平时正常入睡时间（十分重要）上床，第二天清晨，工作的时差就倒过来了。现实并不尽如人意，我们发现有一些职业因为人手紧缺或是非常时期特殊要求，下了夜班后只有上午几个小时可以休息，下午又要继续工作，既然没有选择就不要多想，抓紧时间吃完早餐后，拉紧窗帘让房间变得如夜晚一般漆黑，给自己3小时的时间，睡足2个R90。

早起

很多时候我们没有办法像"别人家的孩子"一样刻苦用功或是早睡早起，因为这世界上有人是"少睡眠者"，有人是"多睡眠者"，有人是"早睡早起型"，有人是"晚睡晚起型"，遗憾的是大多数人没有办法按照自己的生物节律起床上班。"早睡早起型"的人往往被标榜为自律楷模，"少睡眠者"往往被看成奋斗人生。这对"多睡眠者"和"晚睡晚起型"的人很不公平，对于他们来说每天都是"早起"，那么他们能做点什么呢？

首先，在能自主掌控的周末睡个好觉很重要，尽管很多医生坚持认为应该每天保持相同的睡眠时间，无论几点入睡，都应该在同一时间起床。这样做当然是为了保持生物节律，这样做也并不与周末睡个好觉的理论矛盾，原因就在于本章节开头讲到的"睡不好"和"睡不够"的区别。医生面对的患者几乎都是"睡不好"一类的，这类人群需要谨遵医嘱按时睡觉，按时起床，保持睡眠节律，睡眠节律如果被打乱则很可能在床上一两个小时都无法入睡。而这里我们讨论的是针对"睡不够"人群的睡眠调节之术，对于睡眠功能良好、只是睡眠时间不够的人，在不用上班的日子能睡上6个周期是健康又惬意的。之前我们说过按一周35个睡眠周期来保障睡眠，工作日少睡了两个周期，周末补回来就行了。但要注意的是，一次睡眠不要超过9小时，否则肌肉长时间处于松弛状态不利于帮助心脏回血，容易引起心血管疾病，有对照实验证明了这一点。

其次是午睡，中午补充睡眠是合情合理合法合规的，中午12点以后本来就是容易犯困的时间点，更何况睡眠不足的朋友，更要好好利用中午时间。不过午睡也大有讲究，可以分成"小午休"和"大午休"。"小午休"是指不超过半小时的浅睡（最好是15～20分钟），因为一旦超过半小时便进入了深度睡眠阶段，此时不易醒来，但如果因为要上班而强行唤醒，下午会感到昏昏沉沉，好长一段时间都不得清醒，既不舒服又影响工作。美国航天局训练宇航员的午睡时间是26分钟，如此精确，可见一斑。"大午休"则是进入深度睡眠的午休，读到这里你应该能猜出"大午休"的时长了，对，就是90分钟，一个睡眠周期。

按道理午休都应该是"小午休"，中午一个浅睡眠就足以保障整个下午精力充沛，把深睡眠留给晚上，既让晚上入睡更容易，又在中午开发出了一大段自由时间，何乐而不为？但凡事没有绝对，如果前一天进行了剧烈体育运动，浑身肌肉需要深睡眠来恢复，中午身体就会缩短浅睡眠时间，快速进入深睡眠。我们的感觉是一躺下去就醒不过来了。按照本文"道法自然"的理念，身体传达出的需求信号，我们顺其自然地满足它，是最佳选择。

你有没有发现午休还与天气有关？阴冷的天气中更容易睡个大的，阳光明媚的日子里更容易在浅睡中醒来。享受自然的规律是何等惬意，但有时也需要逆天而行。如果是一个长期失眠者，为了调整睡眠中午是不能睡"大午休"的；或者我们有事情在身时，中午也无法睡太长时间。如果在阴冷的天气里要尽快醒来，是有些小窍门的：首先是可以半坐半躺在沙发或椅子上小憩，也可以在床上和衣而睡，没有条件的趴在办公桌上也行；其次不要把窗帘完全拉死，一点光亮都没有会让身体误认为是晚上；最后还有一个奇招可以尝试——在西方，有些人会在午休前喝一小杯红茶，20分钟后红茶里的咖啡因开始起效将人唤醒。

除了周末补觉和午休外，白天犯困时也随时可以充电。既然是充电，那就是"充电五分钟，待机两小时"。花5分钟时间甚至只需2分钟，保障1小时的工作状态，比一直昏昏沉沉地工作要高效很多。正确的充电姿势是：坐在椅子上，双手放在大腿上，全身放松，闭上双眼，放慢呼吸，静静坐着即可。放松肌肉和放慢呼吸很重要，不过当人犯困时，这两点也不需要提醒。美国航天局发明的4-7-8呼吸法在航天人员和军队里被广泛使用：吸气4秒，屏气7秒，呼气8秒。据说原始人吸气呼气的时间比是1：2，现代工业社会让这个数字越来越接近1：1。屏气的过程很重要，因为屏气时的紧张可以加大呼气时的放松，这也符合中国文化里物极必反的原理。4-7-8呼吸法可以帮助大脑在1分钟之内改变脑电波，效率极高地打盹，也能帮助入睡困难者入睡。如果你气息短，暂时做不到4-7-8，那就将节奏加快一倍，用2-3-4来呼吸，道法自然，不可强求，多加练习逐渐将呼吸放得更慢。通常下午5点后身体会迎来一阵困意，因为这时快下班了，也就不太在意，但如果这时闭目养神5分钟，或者如"小午休"一样小憩15分钟，你会有完全不一样的状态，为加班或是下班后的健身锻炼提供足够的动力，即使是参加饭局应酬、好友聚会或与佳人约会，都会神采奕奕表现出众。

随时犯困随时充电，同时我们也可以主动规划休息时间。风靡全球的"番茄工作法"认为：将每半小时划定为一个周期，工作25分钟，休息5分钟（也有研究说工作50分钟休息10分钟），这样的工作效率最高。这本是追求效率的时间管理方法,其之所以奏效,一定是符合人体自然规律,对大脑和身体的健康必是有益的。半小时是一个小周期,三个小周期形成一个大周期,刚好就是我们反复强调的R90。90分钟的周期规律不仅适用于睡眠,在白天也同样适用;休息时站起身来走走路、聊聊天、喝喝水都是给大脑一个短暂的休息。中小学普遍都有的"大课间",将一上午的学习时间分成两段,每一段刚好也是90分钟。

三、失眠应对之法

前面我们讲了一些关于睡眠保健的原理和调节管理促进睡眠的技巧,大家可以学习、练习,但如果得了失眠症,则更需要针对性处理,严重时需要寻求医生或心理咨询师的专业帮助。这里要提醒各位心理咨询师读者,如果来访者的睡眠问题达到睡眠障碍的程度,"障碍"对应的是"治疗","治疗"对应的是"医生和医院",心理咨询师要做的是一些方向判断和建议、转介、劝医、督促服药以及辅助心理咨询等,切不可越俎代庖。

失眠症的定义

我国有36%的人有失眠相关问题,其中除了有些人是抑郁症或者其他躯体疾病患者,正饱受疾病痛苦,还有很多人常年被睡眠问题困扰,呈现亚健康状态。

要对失眠进行干预,首先要对其进行定义和分类,世界上没有什么通用的招式,要找到、找准问题的实质,才能对症下药。

首先来定义什么是失眠。在医学界对失眠有"三个半小时"的说法,即上床后半小时才能入睡、中途醒来半小时才能再入睡、比平时早醒半小时，以上三点满足任意一点即为失眠。如果一周内有三天失眠，可诊断为失眠症，否则不是。无论是失眠还是失眠症，这里有两点要做说明：

一是如果没有达到相关标准，就不要给自己贴标签，造成不必要的心理压力，导致更多焦虑，更不利于改善睡眠。就好像身体素质天生有差别一样，每个人的睡眠能力也有不同。接纳自己的睡眠状态不如别人，不跟别人比较，只努力通过养成良好的睡眠卫生习惯，让自己稍作改善，使得白天精力充沛或者够用就可以了。这就像是我们的肌肉没有专业运动员那样发达，但能够满足日常生活的需要就可以了。另外，有人是早睡早起型的，有人是晚睡晚起型的，不必强求所谓"早睡早起"的标准，在适应社会现实环境的情况下合理设置作息规律即可。

二是这里说的"三个半小时"标准只是一条人为划定的线，就好像60分及格一样，考59分的人也不要气馁，分数检验的能力本质上是一个连续体，我们在对睡眠进行检测时不必过分在意是"用了27分钟入睡，还是要用33分钟入睡"，你觉得达到了半小时的标准，就可以大致给自己做一个界定。过于精确控制，容易引起焦虑，对睡眠不但没有帮助，还适得其反。

失眠症的分类

界定了失眠和失眠症，我们要对其做一个非常重要的分类——急性还是慢性。

近1个月以内开始失眠，失眠者说得清自己因为什么而失眠，即为急性失眠。如，民警自诉因为近期单位要对民警进行轮岗，担心自己被轮走，新单位离家远，接送小孩会有很大困难，对此很焦虑，近期一直失眠，这种情况为急性失眠。

如果失眠者说不清因为什么而失眠，或者引起失眠的事件已经过去1个月以上的时间，失眠却仍在继续，失眠已经成了一种常态时，这样即为慢性失眠。

分清楚当事人的失眠属于急性还是慢性十分重要，因为二者本质不同，工作的方向自然也是大相径庭。看下图，失眠或者任何心理问题，都可以用三因素模型来理解，即易感因素、诱发因素和维持因素。

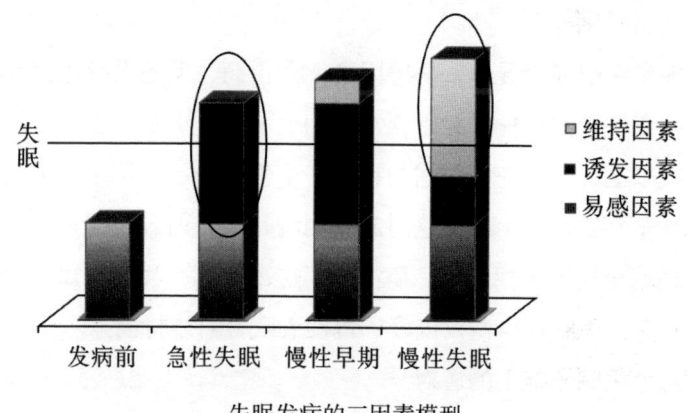

失眠发病的三因素模型

易感因素是指有些人本身的体质和心理素质就容易引起焦虑和失眠，他们对诱发因素更加敏感，更容易受其影响。易感因素包括：基因（遗传或突变）、胚胎（营养不良、物理损伤、炎症、神经中毒、早产等）、早期养育（依恋关系、分离焦虑、早年创伤等）、成长经历（人格、三观和社会功能的形成）等，这些都决定了一个人可能受突发事件影响的程度大小。

自我成长篇　275

诱发因素是指直接诱发失眠或心理问题的事件，即扳机效应中的那个扳机和撞针，而真正引发巨大能量的火药则是事先已埋藏好的——前面所说的易感因素。

维持因素是指在事情发生后，症状本应该随着时间推移慢慢减弱消失，事件对当事人身体和心理的影响应该减小，睡眠功能和心理免疫力慢慢恢复，但如果恰好一些因素出现，可能会把症状固化下来，形成生物节律或条件反射。如一个小孩子长期被忽视，有一次因为疾病备受家人关注，因病获益，如果处理不当，很有可能将这种疾病固化下来。

现实中很多情况是，易感因素本来很高，但还没有达到失眠的红线，急性应激事件在易感因素基础上堆高，引起了急性失眠（超过红线以上），而随着时间的推移，事件本身已经不足以引起失眠了（跌至红线以下），而这时起作用的是大量的维持因素，于是急性失眠就变成了慢性失眠。搞清楚了这个原理，我们就知道工作目标了：急性失眠针对诱发因素，慢性失眠针对维持因素。

急性失眠（症）的应对

急性失眠的应对，不需要对失眠症状进行严格区分，因为急性失眠中，失眠的各个症状往往交织在一起集中出现，并且我们要工作的目标是引起失眠的事件本身而非症状，因此花功夫在症状上的意义并不大。相反，如果过度关注失眠症状，特别是用一些不良应对策略（如提早上床、数羊等），不仅无法改善睡眠，反而容易固化症状，形成慢性失眠，使问题变得更严重。

我们有句话，"急性失眠是事又不是事"，是"事"引起的要针对"事"来工作，但又不要太把它当回事，平常心对待。

失眠者如果能解决这件事，或寻找到有效的应对资源，事态发生了变化，事件对情绪和身体的影响也会发生变化。

如果这个事件本身无法改变（世界上有很多问题是无法解决的），当轮岗已经启动，自己无法对抗，那么调整对事件的认知是一个不错的选择。或者以"危机观"来看待，应对"危"的同时，看看有什么"机"。

当然，很多焦虑是保护性的、适当的、健康的，由此引起的一两天失眠也是很正常的，不必太在意，顺其自然地体验这种焦虑的感觉，熬过这段时间，静待它慢慢地减弱。

如果既无法改变事态，又不能调整认知，那么我们还可以做点什么来有效应对，减少事件对自己的影响？对每一个问题和困难，有什么办法可以去解决和克服呢？我们常说任何问题都至少有3个解决方法，不妨去想一想这些办法。中国人说"三思而后行"，思，再思，又思，先第一直觉思考，然后按照完全相反的角度换个思路再思，最后在两个相反的思考中间看看取什么平衡或者新的启发。思路不能太刻板僵硬，如果都朝同一个方向去思考，别说三思，就是三十思也想不出一个办法。

如果暂时想不到好的解决办法，也可以回想一下曾经的自己有没有遇到过类似的经历呢？如果有，当时的自己是如何克服困难走出困境的呢？如果当时的自己也没有找到好的解决办法，那当时的自己又是怎么熬下去、渡过难关的呢？

案例一：

来访者：我最近失眠，因为感情方面的事，但我不想多说细节。

咨询师：可以的，你不想说可以不说。不过你自己知道近期的失眠是跟感情有关，一定是最近发生了一些事情，那么你这样的情况属于急性失眠。不用太担心，急性失眠因为事件引起，随着时间推移失眠会慢慢减轻。你要做的是接纳失眠这个东西，它是非常正常且有意义的，我们顺其自然，不要跟它对抗，不过度关注这个症状。你平时遇到挫折和压力，都是怎么应对的呢？

来访者：我知道运动可以改善睡眠，这两周我天天去跑步、打球，让自己出一身汗，宣泄后洗个热水澡很舒服，但上床后就是睡不着。

咨询师：你每天运动到几点钟？

来访者：九点半左右。

咨询师：运动是很好的宣泄方法，也可以让身体疲劳促进睡眠。但要注意不要在睡前3小时内做剧烈运动，否则大脑兴奋，不利于入睡。还有洗完热水澡后不要立马上床，因为体温升高后人也是兴奋的。这两件事情你都占齐了，自然是睡不着，要让自己在较低的室温中待着，这个时候不要玩手机、电脑，不要思考问题，可以做做家务、做做正念冥想呼吸练习，等体温从高往下降时，神经从兴奋进入抑制状态，人体开始启动睡眠模式。

解决问题本身，改变对问题的认知，接纳体验焦虑情绪，寻找经验减少影响，坚强地熬下去渡过难关，以及找人倾诉，帮助梳理，给予支持，宣泄情绪等，这些都是失眠者可以自己努力的方向，也是心理咨询师引导来访者的方向。如果以上方法都不奏效，熬下去太难受，紧张焦虑十分痛苦，失眠者还可以到医院就诊，在医生的帮助下，服用一些抗焦虑药和促睡眠药，这些药物起效迅速、副作用小，对改善焦虑症状效果显著，对于急性失眠症患者来说，少量服用渡过难关是不错的选择。但是切记，如果是慢性失眠症患者，就不宜长期依赖药物（抑郁症患者则应谨遵医嘱，长期按时足量服药）。

案例二：

来访者：我是大四学生，考研没考上，本来过完年就开始找工作的，没想到遇上疫情，计划完全被打乱了，心里特别着急，我担心找不到专业对口的工作，大学四年就白读了，现在很焦虑，睡不着觉。

咨询师：那么你都是用什么方法来应对的呢？

来访者：我找我大伯拿了一点百忧解吃，但效果也不怎么好。

咨询师：百忧解是一种抗抑郁药，虽然是一种很好的药，但别人吃了有疗效，不代表你就可以吃。必须是医生给你做诊断后对症下药，而且吃多少量、吃多久都要遵医嘱，不可以擅自拿别人的药来吃。如果是纯粹的焦虑情绪，吃一些抗焦虑和促睡眠的药，可以很快起效，但如果是焦虑症，则服药时间需要长一些。百忧解是针对抑郁症的，要求就更高了。你只是有一些焦虑的情绪，切不可自作聪明乱吃药。

来访者：明白了。

慢性失眠（症）的应对

慢性失眠是维持因素出现了问题，与诱发事件无关。

(一)入睡困难

入睡困难多是被不良的睡眠卫生习惯给宠出来的。比如,在床上玩手机、看电视、看书、聊天等与睡觉无关的事情。正确的习惯是,在床上永远只做两件事情:睡觉和性生活(自己睡觉和跟别人睡觉),把与睡眠无关的事情都赶到卧室以外。不要躺在床上听音乐或催眠语音,尽管其可以帮助放松,但对形成入睡条件反射不利。催眠放松和正念冥想的练习,应该在椅子或垫子上进行。

这里要强调的是催眠与睡眠有很大区别:催眠不是让人睡着,而是让人似睡非睡,一直处于睡眠第一阶段。因此听着轻音乐或催眠语音以及前面提到的白噪声,是容易使人放松和恍惚的,但如果一直听就严重阻碍睡眠进入下个阶段,反而让睡眠更糟糕了。电视机的声音也是如此,有时我们看着电视就会睡着了,家人一关掉电视,我们就醒了。很多人在卧室里装了电视机,靠在床上看电视,这是十分有害的(特别是老人)。靠电视声音入睡,如果电视一直开着,就一直无法进入深度睡眠,如果把电视关掉就会立即醒来再也睡不着。正确的做法是:听催眠语音、轻音乐或白噪声,都最多只设定20分钟,且都在客厅进行,经过一段时间的放松,大脑出现一些过渡睡眠或浅睡眠的脑电波,这时上床安安静静地睡下,不要在卧室播放任何声音。至于电视,因为蓝光刺激视网膜,不利于入睡,对于入睡困难的人,睡前不能看电视(包括所有电子产品的屏幕),更不能在卧室看。

注意,不是几点到了该上床了,而是困了才上床,不困就不要上床。如果发现上床后睡不着就应该立刻下床离开卧室做别的事情,等困了再上床,上床又不困了,就再下床走出卧室。如此反复虽然比较折腾，但一劳永逸，可以帮助我们将"困""床""睡觉"三者形成牢固的条件反射，以后一上床便有困的感觉了。

除了建立条件反射外，形成固定的生物节律也很重要。入睡困难的人，不仅不能过早上床，反而还要限制睡眠时间。如果晚上要折腾到2点才能入睡，那么就干脆2点才上床，如果一周大部分时间都可以上床后半小时以内入睡，那么就将上床时间提前15分钟试试，即1：45时上床。如果一周内又可以有好的入睡表现，那就再提前15分钟，如果又入睡困难了，就把上床时间往后调15分钟，反复多次调整。刚开始这样做会很难受，但想到以后能获得长期稳定的睡眠，坚持几周的辛苦付出是必要的。世界上没有任何成功是可以轻易获得的。

慢性失眠者中午尽量避免睡午觉，把睡觉的身体欲望留给晚上。没有睡眠问题的人，午休也建议不要超过半小时，15～20分钟为佳，且不要进入深度睡眠（前面提到的"大午休"可视情况而定）。

案例三：

来访者：我是派出所民警，经常要值班熬通宵，睡眠很紊乱，早上8点下了夜班后回家睡觉，晚上就睡不着了。

咨询师：教你一句口诀"倒班不倒餐"，无论你几点下班几点上班，吃饭的时间一定要准时，这样身体就容易保持住生物节律。你下了班后吃早饭，上午不要睡觉，因为上午人的能量是往上走的，这时睡觉有点逆天。中午按时吃饭，稍后开始睡觉，睡3个R90的时间就刚好又到快吃晚饭的时间了。吃完晚饭不要睡觉，

自我成长篇　281

到了平时该睡觉的点才上床,这样一天的睡眠安排,既补充了睡眠,又保持住了生物节律。记住,第一个R90是最重要的,只要保证这个周期的完整,就能很好补充睡眠,而我们的设计中,刚好这个时间是中国人都在午休的时候,理论上是不太会有人打电话给你的。

案例四:

来访者:我是地铁公司员工,我们上班是"早晚休"轮班,第一天早班7:00—15:00;第二天晚班15:00—23:00;第三天休息。早班要7点到岗,所以我5点30分就要起床,中午也不能午休,下午3点下班后很困,回家就睡觉,结果晚上就睡不着了,后面两天也是乱的,睡眠就一直很不好。

咨询师:我们一起来制订一个睡眠计划吧。下午3点下班回家不要睡觉,可以去做一下运动,这个时间是很适合运动的,虽然很累不想动,但如果运动起来后,血液循环加速,更多氧气到大脑,反而会让人更清醒。或者喝一杯咖啡,让自己保持清醒,到了夜晚再睡。第一天的早班是调整的关键,只要睡眠节律保持住了,后面两天也就不会乱。下午5点以后会有一个自然犯困的时间点,如果实在太困,你可以像午休一样小憩15分钟补充一点体力,但切记不要进入深度睡眠。

来访者:可是喝咖啡不会影响晚上的睡眠吗?我不敢喝。

咨询师:这是一个误区,咖啡因是让大脑检测不到身体的疲劳,但身体的疲劳一直在积累,当咖啡因的半衰期过后(通常是6小时),大脑恢复功能,一下子就能识别到身体已经很疲倦了,马上启动睡眠模式。所以你下班后喝一杯咖啡不但不会影响睡眠，反而会促进睡眠。当然，如果你实在接受不了咖啡，就不要喝了。

案例五：

来访者：我以前上班是"早中晚夜"四班倒，今年开始是"夜晚中早"四班倒，睡眠就开始不太好了。

咨询师："早中晚夜"的排班方式比较科学，前一天下班到后一天上班中间有24小时休息调整，"夜晚中早"的排班方式则每次只有12小时休息调整，相差甚远。今年你们岗位改了排班方式，我猜可能是因为人手不够，无法排满前一种班，排后一种班牺牲员工的休息时间也是无奈之举。如果是招工难的短期应对，就支持一下公司，但如果长期这样，是违反劳动法的，对员工的健康很不利，还是换一家公司吧。我教你一招，就是在上夜班前可以给自己睡一个R90的时间，第一个R90是最重要的，其中大部分是深度睡眠，对身体疲劳和免疫力的恢复是很有帮助的。

（二）睡眠浅、易醒、多梦

我们知道了睡眠的周期原理，每一个睡眠快速眼动期结束后都有0.5~2分钟的觉醒期，如果很快继续入睡，则不会记住前面刚刚做的梦。如果记得梦，证明这个时候大脑进入了清醒状态，进行思考和记忆。我们大多数人都只会记得少量很特别的梦，而有些人说每天晚上都要做很多梦，是因为在每一个睡眠周期结束后都要清醒很长时间。

心理学家弗洛伊德曾对梦进行了大量的观察和解析，他认为做梦后的过度觉醒是有一定意义的，如凌晨1点左右觉醒是跟性有关，凌晨3点左右觉醒则是跟死亡焦虑有关。性和死亡是人类两大禁忌，因此也是压抑在潜意识形成心理生理疾病的两大因素。医学的角度认为其是内分泌失调和神经紊乱的结果。其实，心理学和医学的解释如出一辙，笔者含糊地概括为4个字——"能量乱了"，从所学和实践来看，笔者推荐8个字的应对之道：西医检查、中医调理。

除了在周期末过度觉醒，有些人特别是警觉性过高的人，在浅睡眠进入深睡眠的过程中也受到阻碍，容易醒来，很难进入深度睡眠。心理治疗和药物治疗相结合，被现代医学验证是解决很多精神和心理问题最有效的途径。

案例六：

来访者：我从很小的时候开始就一直睡不好，每天都做很多梦。现在我有时候吃一点褪黑素的保健品，效果还可以。

咨询师：您这是非常长时间的慢性失眠，长期过度觉醒，睡眠质量不高导致身体出了问题，身体的问题又加重睡眠问题，恶性循环，建议您去西医检查和做中医调理，把身体调好了，睡眠就自然改善了。关于褪黑素，因为其帮助身体对光照形成生物节律，使人可以自然地睡觉和觉醒。老年人褪黑素分泌减少，补充一点人工合成的褪黑素是可以改善睡眠的。但作为年轻人，激素的外部补充总会影响自身的分泌，还是要调整好身体，让身体自己分泌褪黑素，才是最健康的。

半个月后来访者反馈，看了中医，调理后睡了几天好觉。

以下是几类典型容易引起睡眠障碍的疾病：

心：心衰、心绞痛、高血压。

肺：支气管炎。

肝、肠、胃：溃疡、炎症。

甲状腺：甲亢、甲减。

肾：肾衰。

过敏：瘙痒、鼻塞。

脑：帕金森、癫痫、神经痛、脑血管病。

治疗疾病过程中，服用某些药物也会影响睡眠，如利尿剂、降压药、抗抑郁剂、抗帕金森药、激素、避孕药等。

或许我们的身体派出了"睡眠症状"来提醒我们"关注自己的身体"，值得引起我们的高度重视。但请记住，我们这里讨论的是慢性失眠，如果是急性失眠切不可胡乱对号入座。

（三）早醒

以早醒为主要症状的慢性失眠，排除身体疾病因素，多可考虑抑郁症。由于篇幅有限，关于抑郁症的相关知识，这里就不赘述了。

这里想特别指出的是，除了抑郁症和前面讲的过度觉醒要到医院进行相关检查治疗外，还有几种慢性失眠情况也是需要就医的，咨询师需要鉴别后告知来访者：1.内科疾病引起的长期失眠。2.外科手术引起的失眠。3.假性失眠，即别人说他睡得很熟，但当事人自觉没有睡着。4.呼吸暂停综合征。5.嗜睡、注意力缺乏、很难兴奋等。6.酒精和物质滥用引起的长期失眠。

案例七：

来访者：我前一段时间和领导发生争执，后来脑袋里就一直在想这件事，睡眠也不好，很早就醒了。我有抑郁症，3年前到现在一直在吃药，我在网上查了，抑郁症平均要吃两年的药，但到了两年时医生还不给我停药，我就自己停了，改吃中药，后来发现不行，一个月后又吃回以前的药了。

咨询师：我想请问你，除了3年前抑郁症发作，你之前有没有发作过呢？

来访者：有，其实我很早就有过抑郁症，只是那时不懂这些，也没有管。

咨询师：哦，是这样啊。关于抑郁症的药物，平均几年的说法是没有意义的。如果是首次发作，吃1年的药；第二次发作，要吃2年的药；第三次吃3年，第四次吃5年，第五次终身服药。你的医生一直不给你停药，估计他对你之前的病史有一个判断，你必须信任医生，按时足量地服药，坚持下去，不然前面3年的坚持努力白费了就太可惜了。

来访者：好的，我一定坚持。

第二天，来访者给咨询师发来短信，说上班时领导的态度很正常，没有要给穿小鞋的意思，自己感到很轻松。

案例八：

来访者：我以前的睡眠都挺好，但两年前做过心脏手术，此后的睡眠就不好了，睡得不深、早醒都有，我看书学习了R90睡眠法，还是起不到作用。

咨询师：你的学习力很强啊！R90睡眠法虽然没能让你的睡眠变得更好，但至少科学方法保住了你现有的睡眠，没有胡乱应对让问题变得更严重。其实，你的问题是外科手术对睡眠或者说是对整个身体系统的影响，需要看医生。另外，90分钟是一个标准，每个人的睡眠周期不可能完全一样，需要自己微调一下，在周末找个时间睡个自然醒，看看离标准的R90多或者少几分钟。微调之后还可以把睡眠时间再调多10分钟，在把握不准的情况下，宁可在下一个周期的浅睡眠中被闹钟叫醒，也要保护上一个周期的快速眼动期的完整。

关于早醒，还有一种常见的情况——衰老。随着年纪的增加，睡眠时间会自然减少。更年期的种种表现，提醒着人们：你的身体已经开始走下坡路了。对衰老和死亡的焦虑，是人类永恒的话题，也是我们每个人内心最深的恐惧。如何接纳衰老的现实，做好生涯规划，调整好心态，是我们每个人都要完成的功课。

案例九：

来访者：我的工作比较清闲，没有工作压力，人际关系不错，身体很好，家庭也很好，没有任何经济压力。孩子研究生毕业了，找的工作也挺好。我以前睡眠质量很高，可就是一年前莫名其妙地开始失眠了。我看过很多关于睡眠的书，你们说的理论我都知道，包括运动、食物，每一条对照我都没有问题，就是找不出失眠的原因。

经过仔细交谈了解情况后。

咨询师：你说你孩子一年前研究生毕业并且找到一份很好的工作，这个时间跟你开始失眠的时间刚好吻合，或许这只是一个巧合，或许这其中又有点什么意义。孩子工作独立了，越是混得好就越不需要父母，或许这其中有一些心理上分离的味道。但我更关注的可能是你身体的变化，正因为其他的更年期症状你都没有，那么失眠会不会恰好就是这个唯一的出口呢？另外，一点压力也没有并不是件好事，人是需要有一些压力的，我想你可以试着给自己找点兴趣爱好，找点事做，或者养些宠物，让生活丰富起来。

来访者：是的，我也觉得需要找点事情做了。

咨询师：对了，慢性失眠尽管刚开始可能是由某一件事情引起，但时间长了后，这个事件对失眠的影响已经不大了，老想寻找失眠的原因，不仅没有意义，还会给自己造成不必要的心理负担。

来访者：明白了。

最后要提醒的是，无论是急性还是慢性失眠，早醒后应该做的就是立即起床、走出卧室，原理同入睡困难调整一样，形成良好的生物节律和条件反射，切勿醒着赖在床上。可以用冷水洗脸或光脚踩在地板上的方式帮助清醒，尽量不要用军队紧急集合的节奏起床，因为这时心脏还没完全苏醒。

症状表现	急/慢性	重视程度	应对方向	注意事项
入睡困难	急性	轻	聚焦情绪、寻找资源、药物辅助、耐心等待	不要将急性变成慢性失眠
	慢性	中	调整睡眠节律、养成良好睡眠卫生习惯	不要依赖药物
睡眠浅、多梦、易醒	急性	轻	放松练习、药物辅助	不要过度担心
	慢性	重	医院就诊、西医检查、中医调理	注意针对身体疾病
早醒	急性	轻	聚焦情绪、寻找资源、耐心等待	醒了就起床
	慢性	重	医院就诊、考虑抑郁症	遵医嘱
	衰老	中	对衰老的合理认知	生涯规划

当然，失眠症状往往是混杂在一起的，入睡困难的人也会有早醒，早醒的人有抑郁相关的症状但也有衰老的因素，因此，比较复杂的情况必须找在睡眠管理方面有经验的心理专家帮助梳理问题，共同制订调整应对方案。如果是采取药物治疗调理身体的方式，在药物改善症状的同时，最好也做一下心理方面的调整，特别是与心理咨询师一起探索自我，与问题、情绪和压力和谐共处，如同提升身体免疫力一般，提升自我心理功能。

睡眠小贴士：

1. 困了才上床，不困不上床，睡不着就下床走出卧室，困了再走进卧室上床，从而建立床与睡眠的条件反射。

2. 睡前远离电子产品，避免蓝光。不要在床上做聊天、看书、思考问题等与睡眠无关的活动。

3. 平时多晒太阳、多做运动，睡前3小时不要剧烈运动，避免兴奋影响睡眠。

4. 倒班不倒餐，通宵工作后尽量保持进餐的生物节律。

5. 多吃豆类、小米、海鲜、酸奶等含有氨基酸的食物。

6. 大量饮酒后虽然容易入睡，但是睡眠质量很差，得不偿失。

7. 刚洗完热水澡后不要急于上床，待体温下降后上床更容易入睡。

8. 长期睡眠不深、易醒、多梦或早醒，需要到医院就诊检查和做身体调理。

9. 养成按时入睡和起床的作息规律。如果偶尔入睡时间需要推迟，至少要保障起床的时间不变，反之，如果偶尔起床的时间临时变动，则要保障入睡的时间不变，这样能让作息规律保持长期稳定。

10. 不需要每天都睡8小时，但最好每天睡觉时间是90分钟的整数倍，推荐每天睡7.5小时，即5个睡眠周期，保证一周35个睡眠周期。

11. 不要赖床，醒了就要下床。醒着躺在床上不仅不能起到睡眠的作用，反而打乱身体的条件反射，形成慢性失眠。

12. 午睡以15～20分钟为宜，不要超过半小时，特别是长期失眠者。没有睡眠障碍的人，偶尔中午想多睡一会儿也没有太大问题，那就设定好时间睡1.5小时，睡足一个完整的睡眠周期，避免在睡眠周期后半段被闹钟吵醒。

13. 遇到睡眠问题，请寻找专业人士咨询，不可胡乱吃药和用不科学的方法应对失眠，导致症状加重。

14. 每个人都是独一无二的，需要找到自己的节奏，不可邯郸学步、东施效颦，小技巧都可以试试，如果适合就用，不适合就不用，技巧只是辅助工具，最终要达到的目标是道法自然。

凤凰涅槃——在困境中加速早期创伤的疗愈和转化

张 莹

每个人都曾面临困境，只不过严峻程度不同，对我们的影响也大小不一。作为一个心理咨询师，大多数接待的来访者都是处于某种困境之中，有的困扰于父母关系、亲子关系，或者是负面情绪、职业瓶颈等。几乎可以说，心理咨询师是个与困境工作的职业。但是在另一个层面上，这个职业也是一种致力于改变的艺术，虽然有各种心理调整或心理治疗的方式，但无不都是致力于改变，助力来访者突破困境，变得身心自如自在，与变化着的外界和谐共处。

问题是如何破局而出？本文将从人本主义心理学聚焦取向疗法的角度做些分享。

生命的内在导航

人本主义心理学认为，自我实现倾向是人类和其他种类生物发展和行为的唯一动机。它是所有具有生命的事物共同拥有的一种生物力量，这种力量使得一个生命朝向生存、维持、成长。

这个实现的倾向不单是心理结构这个层面的，而且涉及了构成一个人，或者说是一个生物的各个子系统，包括生理身体的、感受知觉的、情绪情感的、人际关系的、环境互动模式、行为方式等各个子系统。这种实现倾向推动生命去实现个体独立性，彰显自己，成为自己。就好像一棵树要成为一棵树，一条鱼要成为一条鱼，而且是成为世间独一无二的这棵树、这条鱼。

同时这种独立性的发展中又隐含着所有事物的关联性。这样对于一个人的成长来说，就会朝向一种既拥有心理上的自由独立，但同时和周围环境更自如的联结能力。

生命去实现自己的力量是如此强大，超乎我们的想象。

新冠疫情期间，武汉解除封锁后，一个小吃店主回到店中，吃惊地发现几个月间，丢在角落里的几袋土豆，全部齐刷刷地长出了长长的芽，像利剑一样刺穿麻袋，整整齐齐地迎向麻袋外的那一点点微弱的光亮。它们已经悄悄地跟上春天的节奏，让自己按时发芽。

我们的生命体自身就蕴含着导航仪，拥有一种"朝前带"的潜在能力，虽然我们很少能觉察到这一点。

我们要做的就是意识到自己内置的导航仪，创造更适合的条件，让我们更加清晰顺畅地跟随它的内在指引。

芝麻开门——felt sense

20世纪50年代，人本主义心理学大师罗杰斯带领一批心理学家在芝加哥大学进行了一项耗资巨大的研究，关于心理咨询的疗效因子，也就是寻找是何种因素使得来访者在咨询中得到转变，获得疗愈。经过对多达几千例心理咨询进行录音，再用严谨的科学方法进行分析，最终他们发现有一项硬核能力——具备此能力的来访者会得到很快的进展，而缺乏这种能力的话，即便是很优秀的心理治疗师也无可奈何。

而这种能力就是"如果来访者在治疗期间，可以新鲜地描述自己持续发生的体验，则可预测治疗会有较好的效果"。

这也就是心理学人本主义聚焦疗法中最核心的一个概念，叫"felt sense"（"体会"），这个体会不是简单的感受，而是在某种情境下，产生的一种新鲜的、整体的、身体的感受体验。心理学家发现，当这种深刻的felt sense发生时，就像是阿里巴巴念了芝麻开门，宝库就会打开，生命导航仪开启，巨大的转化力量自然产生，内在的智慧之路呈现，会到达一种深刻的位置，获得对于困扰自己的事物和意识的新领悟，这种转化是发自本心的，持久而深刻的。

在心理咨询的工作中，我经常使用聚焦方式来帮助来访者去产生这样的深刻体验，很多时候效果很好，来访者产生领悟，获得推进。但也有一些时刻，来访者很难到达felt sense的位置，"好像是什么卡住了？"。而后来再看，恰恰是针对卡住的部分温和而好奇的工作中，重大的进展反而得以达成。

被卡住的生命支流

从人本主义聚焦疗法的角度来看，生命就像一条滚滚向前的大河，在某些境况之下，造成部分支流被冻结了无法流动，这种冻结的结构就是所谓的创伤。也就是说，创伤是生命的一部分活力被卡住了。为什么会发生卡住的现象呢？

我们有两类记忆：外显记忆和内隐记忆，前者是可以意识到的，后者是处于无意识领域的，是暗在的状态。内隐记忆是一种身体记忆，在通常的状况下我们的头脑无法解读，但对于我们的生活有着巨大的影响。它包含一系列的情绪、感受、行为，是情境性的，有一些甚至像是被写入我们生命的底层代码，遇到某个特殊情境，就会砰然触发，跳转到某些身心反应，这些反应模式来自原始进化，为了迅速应对突发状况，保护我们免受伤害。比如我们走在路上，突然一辆汽车猛冲过来，我们会不由自主地直觉地瞬间跳开，离开危险，响应速度非常快。

经过很多心理学研究证明，人生重大事故相关的信息也会进入内隐身体记忆，它们会改变我们的神经结构和大脑结构，在之后的生活中，持续地影响着我们，而且往往是隐秘的不易被察觉的，因为它处于内隐状态，我们很难用理智分辨出来。

而生命早期的创伤的疗愈就更为棘手，越早期就意味着越原始，前语言期的孩子大脑发育还不完善，对于创伤的体验用意识很难分辨，其呈现方式也是不可理喻的，非逻辑甚至违反常理的，临床中往往表现为一些莫名的复杂情绪团，光怪陆离的色块，某种身体的感觉，像"心在悬着，等着什么掉下来的感觉""肚子胀鼓鼓的感觉"，伴随着某种身体姿势的难以解释的情绪和身体反应，像"当我身体这样斜靠着时，眼泪就会突然流下来，但我不知道为什么流眼泪""我总是有一种不安全感，好像有什么危险要发生，和我一直如影随形"，突然爆发的负面情绪袭来，等等。

那么如何疏通这些暗在的生命支流呢？"流动的感觉，身体能量的复苏，向外打开，这是关键的元素，可以减小身体的压力，解开以创伤为基础的堵塞。"

我们看看几个人本主义聚焦疗法的案例。

三个案例

下面是三个心理咨询的案例，名字均为化名，对于身份、体验细节等有修改和替换，并得到来访者许可。

幼年的秘密——青青的案例

在2020年新冠疫情肆虐期间，青青因为回老家探亲，疫情暴发，无法返回原来城市，不得不和父亲母亲住在一起。为了节省口罩，也为了减少感染的风险，除了到小区门口运回蔬菜和日用品，那可是维持全家的生命线，除此之外，大家都不能出门。

但是她和父亲的关系也越来越紧张了，她开始焦虑不安，睡眠也越来越不好。"我没法和爸爸在一起，他一开口，我就浑身不舒服，我不知道这种挤在一起的日子还要忍耐多久。我没法和他在一个饭桌上吃饭，也没法和他在客厅中聊天，哪怕是寒暄，我也觉得非常不自在，我不清楚为什么，也许是因为小时候，他对我过于严厉，即便是成绩优秀，他也从不夸奖我。他没有什么笑容，总是板着脸，像是冷冰冰的铁板一样。"

青青开始了网上的咨询，我们慢慢地探索她难受紧张的感觉。在一次很深的身体在场和陪伴之后，她沉默了很久，突然告诉我她身体中闪现的画面。夏天晚上，在大马路边，她坐在席子上发呆，有些热热的尘土的味道，那是很小的小女孩，也许是三四岁，有很多复杂混乱的感觉。在之后的慢慢的等待中，随着感觉的清晰，有更多的画面展现出来，一块一块的拼图好像被拼出来了。

那是三四岁的青青的经历：在唐山大地震发生后的一段时间，她的家乡因为离唐山不远，也充满了地震的恐慌，当时叫"闹地震"，一闹地震，大家就离开自家住的楼房，抱着竹席，在操场上、在空地上，甚至是马路边睡觉。聚焦中依稀有尘封的印象浮现出来：夏天的热乎乎的夜里，没有风，闷闷的，一家人在马路边上躲地震，爸爸妈妈，还有她很小的妹妹，昏暗的路灯，周围有些闹闹吵吵的人影。突然有一个画面闪现，她的爸爸抱着已经睡着的妹妹，说"管它的，我们回家睡觉吧，如果地震楼塌了，我们全家就死在一起"。她惴惴不安地跟着回家了，不清楚是怎么睡着的，她只记得一夜醒来，睁开眼看到周围是亮的，确认自己居然没有死，有一种很大很大的庆幸。

讲到这里，她突然眼泪狂涌出来，就像大坝决堤一样，身体蜷缩起来，肩膀簌簌发抖，我知道此时有一些剧烈的工作在身体中发生，我没有打断，只是默默地陪伴着这样的身体能量波澜的冲击。

在后面的工作中，在同身体聚焦的过程中，一些感觉展现出来。她印象中的童年是模糊压抑，混沌一片，都带着淡淡的灰暗的调子。童年印象中父亲总是和恐怖紧张的感觉相连的。但是在母亲和妹妹口中，爸爸只是性格内向，不苟言笑，虽然对孩子学业要求严厉，但对家里人似乎并没有过任何暴力。后来她考上了寄宿的中学，可以远离父亲，反倒变得自在起来，她的聪慧使她脱颖而出，考上了一流的大学。大学毕业后她选择离家千里的城市，远远地离开父母。

（咨询师的话：从急于解决问题而转向好奇，好奇自己生命的秘密，这就打开了一扇门，在专业的陪伴中，慢慢地等待身体展现出很多内隐记忆。伴随着身体聚焦中出现的身体状态——颤抖、寒冷、哭泣、疼痛、无力，大量被冻结的生物能量开始释放。恐惧、悲伤、愤怒各种情绪也随之一次次地流淌。）

随着创伤能量的不断释放融化，青青与父亲的关系也出现奇迹般的转变。

她甚至可以在饭桌上和父亲多待一会儿，听他叨唠家族里的老故事。疫情的隔离，反倒带来了很多饭桌上的机会，让这些尘封已久的经历得以呈现。

她听到了家族中的各种片段：解放前家族逐渐破败，父亲在穷困中凭着自己的努力考上大学，爷爷在"文革"蒙受冤屈，父亲多年四处奔走，最终使冤案平反昭雪，族人也因此洗刷掉了污点，恢复清白。

她对父亲有了更多角度的认识，虽然她依然觉得和父亲不能亲近，但是她也开始理解父亲身上那种挥之不去的沉重压抑，源自家族长子的忍辱负重，也带着那个时代的无可奈何。也感受到父亲严肃背后的那种坚毅、隐忍的力量，看到这个家族的生生不息打不倒的韧性。在咨询中，她的眼泪越来越少，力量越来越多。

在一次咨询中，她的体验过程：

"好像是一条黑色的洪流，或者是一个异度空间在我身后延伸开来，绵延，很混乱，我看不清，好像绞着很多元素，黑暗、泪水、血肉、痛楚扭曲的脸，渐渐地我看到筋骨突出的赤脚，在用尽全力前行，是一群纤夫，黝黑瘦削，汗水和着泥水，在阳光下反着亮亮的光，木船在湍急的河流中缓缓前行。"

她的泪水止不住地流淌，淌到脖子上，滴到了衣服上，再后来就变成了放声痛哭。

安静下来之后，她说："我不知道为什么哭，但我好像又知道为什么而哭，我知道我已经触及那个至关重要的东西，虽然我还不能描述出来。"

（咨询师的话：此时，我默默地陪着她，不说话，但是身体完全在场而开放地陪着她。）

"像是有一道闪电划过我的脑海，一个电光石火般的领悟来到。

"在最黑暗的夜空，出现了第一道曙光。一切都变化了，过去的事情已经成为历史，新的生命已经诞生，新生的我正在来临，在黑暗之中诞生，黑暗是这个新生命的背景，是她的深邃的源头，而重生的我正面朝着光明，迎着第一缕霞光，发出第一声响亮的号哭。

"那曾经横在我和父亲之间的铁墙，已经轰然倒塌，那些我曾经痛不欲生的片刻，已经随着我的泪水流走，而我感觉到的，是那个硬朗的骨头，那打不倒捶不烂的硬骨头。有一种力量在我胸中升起，我的全身都在打战，我的腿、我的胳膊里面在抖，我欣喜若狂，我已经拿到了那个家族代代相传的最宝贵的东西，它从来没有失去过。"

平静操——小海的案例

小海是个8岁的小男孩儿，非常活泼可爱，很容易和周围所有人互动，他每次出现都会让原本安静有序的咨询中心热闹起来，就像是一头小鹿闯进了写字楼。遗憾的是他有注意力缺陷多动障碍，可能源于他婴儿时期失去父母，经历了动荡不安的养育经历。注意力障碍让他接受传统学校教育时很吃力，也很挫败。在课堂上坐着不动地听讲，连续书写多个字词和阅读课文对他来说是件很痛苦的事情，他时不时需要请假，以便暂时远离教室和那些作业本。随着学校课程的难度加大，小海越加吃力，也越来越讨厌去学校。

我们是在摸索中开始咨询。我的身体告诉我，我的那些儿童咨询的十八般武艺似乎都没有太大用武之地，似乎我唯一能做的只是在他旁边陪伴着，全身心开放倾听他，等待他。为了让他可以有开阔的活动空间，我们会搬走咨询室所有的桌椅。

（咨询师的话：对于聚焦取向的咨询师，在场的身体是作为重要的工具在咨询中使用的。在言语无法到达之处，咨询师在场的身体往往会带来一些启示。）

有一天，他握着一个玩具来到咨询室，按捺不住兴奋地告诉我，他发明了一种玩法，让玩具可以做出人形的动作，还饶有兴趣地展示给我。

"也许你可以用身体来试试这些动作。"我向小海提议。

他开心地在咨询室伸伸胳膊踢踢腿，动来动去，摆出各种姿态，模仿玩具的动作，好像变形金刚要开始变形。

我意识到这里似乎有些正要浮出来的好东西，就像是沙粒中隐隐地出现一点点的闪闪亮，我好奇后面会有什么发生。我退后一些，把咨询室的空间更多地腾给他，我只是做一个陪伴者和欣赏者。

小海发现这四个动作在身体上可以连起来，他反复玩着这四个动作，变换着身体的角度，关节弯曲方式，手腕的形状，同时不断地嘟囔这些调整带给他的感觉，最后选出最合他心意的四个动作，连贯一气成为一体，甚至无师自通地配上了呼吸，在整个过程中，他非常专注，认真投入，状态出奇地稳定。他还给这套动作起了一个名字——平静操。

我也在他的带领下，学做这套小小的体操，发现的确就像它的名字一样，可以平静和放松身体，而且很流畅、简单易学。

一节咨询结束了，小海飞奔出门告诉妈妈（他的养母），他编了一套平静操，可以平静、放松和专心，妈妈脸上现出难以置信的神情，小海忽闪着大眼睛，露出骄傲俏皮的笑容。

（咨询师的话：身体的智慧，用它特殊的方式给出了奇妙的回答。）

在大约一年的咨询中，我请小海可以充分地运用他的身体，带领着我们咨询的方向，每次咨询，由他来决定采用不同的游戏，由他来邀请不同的参加人，也许是妈妈，也许是爸爸，也许只有他和咨询师，有时候是藏猫猫，有时候是抛掷垫子大战，有时候是身体模仿练习，有的游戏看起来非常枯燥简单，像是两三岁小宝宝玩的游戏，但是他却玩得兴致勃勃。

渐渐地，他在学习中越来越专注放松。一年后，他完全融入正常的学习生活，还在班级里担任了班干部，每天上学变成了开心的事情。

（咨询师的话：小海激活了身体内在的导航仪，带领他找到了疗愈的捷径。非常幸运的是他现在的养母和养父给了他足够的空间和时间，给了他耐心的陪伴、关爱、信任。尤为难得的是，在我们的咨询中，小海那些看似非常无厘头的游戏，父母亲也可以投入地配合参与，并不要求这些游戏有通常意义上的明确的教育指向。疗愈的过程，和孩子成长的过程一样，是隐秘而自然的。往往恰恰是看似无用的，倒是有了大用。）

经过小海和父母的同意，我们把这套平静操介绍给读者，小海一家希望平静操可以给大家带去放松平静，就像他们一样从中受益。

以下是平静操的四个步骤：

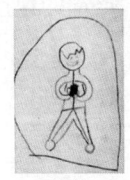   

1. 敬礼　　2. 放飞梦想　　3. 行动　　4. 平静

平静操的说明：

第一步，双手合掌于胸前，把感觉放在身体里面。

第二步，手掌合拢着向上举，在头顶自然分开，就像花开了一样，掌心相对。

第三步，翻掌，两手掌心向下，划弧线落下来悬在半空，向下划弧线时，膝盖以同样节奏弯起来一点，选择你喜欢的角度和手腕姿势，两个胳膊可以不对称，可以待一小会儿，几秒或更长一点，你喜欢就好，可以假装这是鸟的翅膀或者飞机。

第四步，两个胳膊顺势放下去，两手掌自然叠在一起，掌心向上，从小肚子把平叠着的手掌托到胸口（掌心向上的时候吸气），再翻掌，让手掌掌心向下自然落下去。可以把手掌交叠着慢慢地落到小腹（掌心向下的时候呼气），停留几秒，在身体里感觉一下，这时候，往往在身体里会发现一种平静的感觉。

注意事项：

四个步骤的名称是小海当初根据感觉即兴命名的。您可以根据自己的身体，按自己的感受来命名，或者不命名。

每个步骤不拘泥高度角度，对称与否、优美与否都不重要，关键是以自己的身体感觉来带动，快慢节奏自己来掌握。

每个步骤稍微停一下，让感觉出来，因为身体感觉的速度通常比头脑的速度来得要慢。

复活的耳朵——李可的案例

李可，技术工程师，她来咨询是因为她职业发展面临危机。她的听课障碍越来越严重，她很难接受公司提供的专业培训，虽然她的耳朵并没有问题，听觉也是正常的，她也知道培训师每一句话的意思，但是她会飞快地忘记讲授的大部分内容。她几乎只能靠看资料来自学。很少有人发现她的小秘密，她自学能力很强，所以很好地掩饰了她的问题。在平时和上级的沟通中，也会漏听，甚至出现过重要会议中的失职。她的工作需要涉及英语，但是她的英文一直很难提高，特别是听力。她的专业能力很强，但是这些问题困扰着她，严重影响到她的工作和职业前景。

在一次咨询中，在聚焦中，她突然闪现了一个画面，一个瘦弱的5—6岁的小女孩，头发黄黄的，扎着两根很细的小辫子。妈妈和爸爸互相朝对方吼叫，声音大得吓人，小女孩吓呆在那里，她不敢哭出来,她想躲又没处躲。

"大约是我上学前的一段时间,家里经常吵吵闹闹,吼叫声音在屋子里震天响。他们吵架的时候,会先把门窗都关得紧紧的。有一次妈妈气得摔了杯子。我捡起碎片的时候,划伤了自己的手,好像是我自己故意划的。"虽然已经过去了20年,这些场景还很真实,在回忆起这些时,她的身体僵硬,浑身发冷,胸口非常沉重,一直到嗓子都堵得满满的。

(咨询师的话:李可的困扰来自听觉的功能被部分屏蔽了,因为早年的创伤体验,智慧的身体选择屏蔽掉一部分感觉功能,这样很好地保护了那个时候的孩子,让孩子可以应付当时那种难以忍受的局面。)

通过心理咨询,用聚焦的方式,以身体自己的节奏进展,让内隐的创伤身体记忆重新以它的方式呈现流动,被整体的身体接纳。另外,李可自己也在生活中开始学习瑜伽、正念,让自己拥有一些放松和稳定的时刻。

当明白听觉功能的限制后,李可开始关注听觉感受,有意识地去拓展听觉的能力,她去选择喜欢的乐曲,她选择古琴、小夜曲、混合着大自然声音的放松音乐等让她可以享受的声音。她也尝试在安全的属于自己的空间中,用耳朵去做更多的探索。

她很吃惊地发现:"我炒菜的时候,发现锅里的油发出嘶嘶的声音,我可以听出油的温度。烧开水的时候,我可以听到气泡在水中跳舞的声音,冰箱的声音闹哄哄的。我以前怎么没有发现这个世界是如此热闹。

"我走在清晨的林荫路上,听到了树上小鸟的叫声,它们在互

自我成长篇

相打招呼，我心里充满了清凉和愉悦。世界好像变大了，很开阔，很明亮。"

她开始学英语，"有困难，但是好像也没有想象中那么困难"。在原来困难的场景中，比如培训和与领导沟通，她可以放松下来，把空间腾出来，允许自己进一步澄清和确认，而不是像以前"无意中按了电视遥控器，直接跳台"。

（咨询师的话：问题变成了生命的指路牌，我们的身体是活的，只要你去相信它的潜力，身体原先被限制的功能可以逐渐恢复，随着封印力量的解锁，人的局限也打开了，身心都会更加开放而稳定。）

用聚焦方式来破局的思路介绍

以上几个个案都是基于全身聚焦方式来做的，我尝试着简化地介绍一下突破困局的思路，为了说清楚，动作是分解开来的，比较套路化，适合初学者理解。实际咨询会更为自由流畅。

阶段1：建立安全的大本营

基于身体建立安全感。创伤的内隐记忆是基于身体，特别是大脑和神经系统的，所以建立基于身体的安全感至关重要。就像要攀登珠峰，首先要在山下建立大本营，才有登顶的保障。

很有效的方法就是扎根GROUNDING。有很多种扎根方式，最常用的有呼吸扎根、重力扎根、感觉扎根等。在这里介绍的扎根方法都可以单独在生活中练习，有助于我们回到身体的安全状态。

首先找一个安全的不受打扰的独立房间，坐着或是站着都可以，可以跟随身体感觉变换坐姿或站姿。

● 重力扎根

站立方式的重力扎根：设法让脚跟、脚掌舒适地接触地面，然后确定一下脚踝、小腿、膝盖、大腿、臀部、腹股沟、小腹、胃部、心口、胸部、颈部、头部、后背都感到放松，试着把重量尽量落下来，落到你的脚上，然后，邀请你的脚把重量放到地板上。我自己经常在地铁上做这个练习，这让我可以在没有座位时，站上很久也不觉得疲劳。

坐姿的重力扎根：坐在比较平一点的椅子上，双脚可以恰好落在地面上（不推荐太软太矮的沙发），让自己身体放在椅子上，很踏实的感觉，好像一个磨盘放在椅子上。如果还不太确认，轻轻地左右摇摆，感受重心在两侧坐骨之间转换，充分地体会这个重心的转换，通常随着几个这样的动作，你的重量就可以搁置到椅子上了。也可以轻柔和缓地以身体脊椎为轴，小幅度地旋转坐骨和尾椎，边旋转边感受重量落在椅子上的感觉。

适合小朋友的方式：做游戏一样，两臂抬起，两脚分开站立，大致同肩宽，这样身体就成了一个"大"字，把左脚抬起，确保重量全部落在了右脚上，保持几秒，再换另一只脚。假装自己是一个大字形的钟摆在自行摆荡，要放松下来，这样所有重量就始终在一只脚上。缓缓地让钟自己停下来，立在地上。

也可以让小朋友想象任何喜欢的场景，比如假装自己是一艘战舰，在大海的波浪中破浪前进，两只手在胸前假装掌着舵一样，左转舵，右转舵，让孩子自己掌舵，在浪中一会儿左侧倾斜，一会儿右侧倾斜，乘风破浪感觉很爽，节奏由孩子自己掌握。最后，在舵

自我成长篇

手的控制下,战舰返回港湾,抛锚停下来。

这样的设计是让注意力引导到小朋友脚下,同时身体重量能在游戏状态中放到地上。家长需要注意的是节奏必须由孩子自己掌握,家长不要带节奏。

● 呼吸扎根

腹式呼吸,这是很好用的方法,用鼻子深缓地吸气,把腹部鼓起来,再慢慢地、缓缓地把气呼出,同时感觉肚子瘪下去的过程。可以把优势手放在腹部,用手感受起伏过程,可以更容易一些。

方块型呼吸,呼吸时候划一个方块,吸气,屏住,呼气,再屏住,继续下一个呼吸方块,可以用手指来划这个方块,来引导自己或别人做这个方块呼吸。

适合小朋友的方式:曲奇呼吸,这是我的创伤聚焦老师Alex教给我的,很适合小朋友。拿一块曲奇或别的什么孩子喜欢的小点心(不要有松散的渣渣、糖粉之类,以防吸气时呛到),当然假装的点心也可以,离小朋友的鼻子适当距离。"先闻一闻曲奇(吸气),屏住三下,一二三,向曲奇吹气(呼气),再屏住三下,一二三,再闻一闻曲奇(吸气)……"通常几个呼吸回合下来,小朋友就会平静下来。

呼吸的时候,要慢而有节奏。这个节奏是身体的节奏。如果是给小朋友做,要注意家长的呼吸要合上小朋友的呼吸节奏。

● 用五感扎根

有意识地去调动五感,会让你稳定下来,回到当下。

用触觉扎根:触摸你周围的三件物品,桌子、笔、书、小石头等，用手感觉一下质地、重量、温度等。

用嗅觉扎根：闻闻空气的味道，下雨时闻闻草地的味道，滴几滴放松的精油，闻一下橙子皮，选你觉得舒服安心的味道。

用味觉扎根：吃一口西红柿，咬一口饼干，舔一下柠檬，调动味觉去品一品。

用视觉扎根：看向周围，找三个物品或家具，窗帘、墙壁、门、书柜、电脑等，说出它们的名称和颜色。

用听觉扎根：用耳朵听，说出你听到的三个声音。

小朋友嘛，摆上他们喜欢的食物，吃吃喝喝中间，家长有意识地引导一下下就可以，一种食物，就可以同时体验多种感觉。家长和小朋友一起来做，更是有益有趣的家庭游戏。

扎根的目的是把注意力收回来，拉回身体，安住当下。当我们安住当下的身体之中，就意味着有了一个稳定安全的大本营，有了一个属于自己的安全基地。

仅仅是扎根练习，很多时候我们就可以受益良多。

如果进一步做深层探索，特别是与创伤相关的探索，当我们有了安全基地，也会更为顺畅。我们不可能一次就登顶珠峰，可以随时撤回大本营，在探索和安全之间来来回回。

在开始下一个阶段前，用感觉确认一下是否已经回到身体，关注一下身体所处的空间——我的前面、我的上面、我的左面、我的右面、我的后面、我的下面，这样形成一种整体的感觉，你的身体内外以及所处的环境。

自我成长篇

阶段2：舒展内心空间，允许生命自然地涌动

当我们回到身体以后，做个深呼吸，去细细感觉身体，也可以轻轻问自己："现在我的身体里有些什么特别的感觉？""此时的我怎么样？"

这个阶段可以用几个关键字来概括：

1. 颠覆，就如乔布斯的名言Stay foolish（虚心若愚），此时不带入任何评价判断模式，价值观、好恶、解释、反省等。不评价，不期待，不用力（包括头脑和身体）。

2. 倾听身体，静静地和身体待在一起，允许此时的一切身体呈现，此时身体内部的感觉、念头、情绪。

3. 欢迎和陪伴，欢迎此时来到的感觉、念头、情绪等呈现，分别对它们温柔地打个招呼，哪怕是不舒服的也不要嫌弃，对所有前来的一视同仁。如果感觉到有一个部分特别突出，特别引起你的注意，就后退一步，对这个部分腾出空间，好像VIP待遇，因为你听到了这个部分特别需要呵护，需要被温柔地对待，不要太近也不要太远，只是陪着它。你可以做几个呼吸送到这个部分，可以轻轻地与它对话，让它知道你此时在关注着它，陪伴着它，并且它周围拥有更多的空间。以开放和温和中立的态度看向这个部分。

4. 同时保持部分和整体。在关注着局部的同时，也注意到你拥有整体空间（第一阶段建立的身体大本营和它前后左右的整体空间），同时关注这两个部分。

5. 见证生命的涌动。在这个状态中待一会儿也许会有一些变化发生，你只是在整体空间的大背景中，去陪伴着这些变化，允许

它们每个部分按照自己的方式去流动,见证你生命的涌动。有时候这样的变化中,会出现惊人的毫无逻辑的转换,或者出现某些隐喻性画面或是曾经的感觉记忆重放,或者是混乱的一些念头闪现,或是奇怪的一些感觉,或是想要睡觉,突然开始剧烈地打嗝,身体某些部位疼痛刺麻等异样感觉……这就是我们推动了体会的流动和转换,身体内在整合疗愈。如果没有什么发生,也予以接纳。此时,我们是允许一切的。仅仅是这样的允许,就已经让我们和以往不同。

阶段3:收尾

第二阶段的涌动的波浪越大,你的收尾时间就要越多。做个深呼吸,邀请身体用它的方式来做个收尾,创伤打开的部分需要关闭收拢,确认你已经回到你身体的大本营,确认你已经完全回到此时此地。也可以用第一阶段的扎根方式,回到当下。

关键点:不着急,慢慢来。以案主的节奏为准,不做推动,没有一定要完成的任务。

如果是涉及创伤疗愈,重力扎根是强烈建议的,在创伤能量释放中,重力扎根会使得这个释放过程更为妥当。

任何的卡住,只需退后一步,给予空间,然后陪伴和等待。

聚焦方式:通常来说,有陪伴者的聚焦过程会更容易一些,最好是受过训练的陪伴者。陪伴者首先需要自己处于在场状态,可以通过有意识的扎根达到,邀请来访者做扎根,如果来访者做不了,陪伴者则需要具备更好的扎根能力。陪伴者只是稳稳在场中陪伴着,守护着整个场域。如果来访者愿意,可以由陪伴者一步一步用轻而稳的语气做提示。

如果不涉及创伤疗愈，一般来说，可以独自来做。聚焦广义来说，本身也是一种生活哲学，生活态度。独自练习者可以先把扎根作为平时的基本练习，只有当扎根熟练，身体稳定性较好之后，再独自做聚焦练习。

变得比问题更大

人本主义心理学聚焦的方式，是坚信生命自我实现的大原则之下，基于身体体验发展出来的体验疗法，正如聚焦疗法的创始人简德林所说："所有不好的感受就是一种向着正确方向发展的潜能，如果你给它空间，它就会朝着正确的方向发展。"而人生的困境，就像"困"字，一棵树被四面围住，不得而出，生命的生长被阻碍；而"境"字为边界之意，高墙壁垒，局限住我们。

打破困境的秘诀在于空间的营造。当被问题紧紧缠住，视野被收紧在一个小的局部，无法动弹。但当我们可以稍微挪开一点点，与困境拉开一点距离，既尊重困住的部分，又可以联结于更大的生命整体，我们就超越了问题，就变得比问题更大，由此开启了生命的内置导航。

退后一步，给困境一个空间，被封印的创伤记忆得以浮现，在空间和时间中辗转腾挪，它就有了空隙以它的节奏流动，汇入当下生命的滚滚洪流。当我们不以困为困，不以境为境，困境就成了转化之界，在困与不困之间，在局部与整体之间，在外显和内隐之间，在停顿与连续之间，我们就回归了相续和完整。而这个过程，也许可算作某种意义上的凤凰涅槃。